日本专利审查实务

[日] 伊藤健太郎　　[日] 千本润介／著
日本辩理士法人三枝国际特许事务所——[日] 洗理惠／译

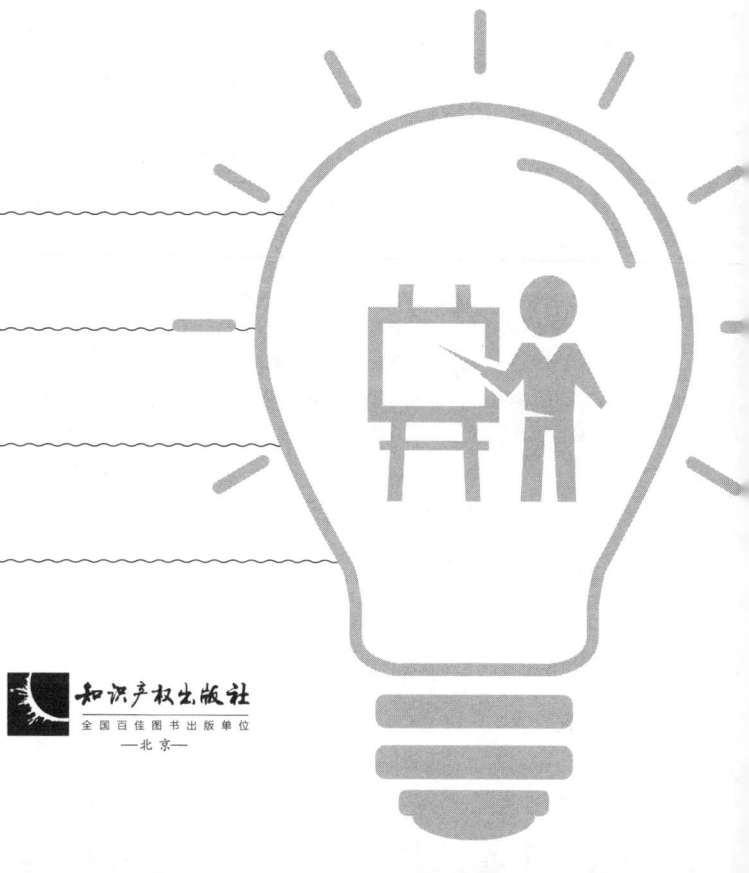

知识产权出版社
全国百佳图书出版单位
—北京—

KORE DAKE WA SHITTE OKITAI TOKKYO SHINSA NO JITSUMU

Copyright © 2019 Kentaro Ito，Junsuke Senbon

Chinese translation rights in simplified characters arranged with CHUOKEIZAI-SHA, INC.
through Japan UNI Agency, Inc., Tokyo

图书在版编目（CIP）数据

日本专利审查实务/（日）伊藤健太郎，（日）千本润介著；（日）洗理惠译. —北京：知识产权出版社，2022.12

ISBN 978-7-5130-8414-7

Ⅰ.①日… Ⅱ.①伊… ②千… ③洗… Ⅲ.①专利—审查—研究—日本 Ⅳ.①G306.3

中国版本图书馆 CIP 数据核字（2022）第 195392 号

责任编辑：吴亚平		责任校对：王　岩	
封面设计：杨杨工作室·张冀		责任印制：刘译文	

日本专利审查实务

[日] 伊藤健太郎　　　[日] 千本润介/著

日本辩理士法人三枝国际特许事务所——[日] 洗理惠/译

出版发行：知识产权出版社有限责任公司	网　　址：http://www.ipph.cn
社　　址：北京市海淀区气象路 50 号院	邮　　编：100081
责编电话：010-82000860 转 8672	责编邮箱：yp.wu@foxmail.com
发行电话：010-82000860 转 8101/8102	发行传真：010-82000893/82005070/82000270
印　　刷：三河市国英印务有限公司	经　　销：新华书店、各大网上书店及相关专业书店
开　　本：787mm×1092mm　1/16	印　　张：12
版　　次：2022 年 12 月第 1 版	印　　次：2022 年 12 月第 1 次印刷
字　　数：200 千字	定　　价：86.00 元
ISBN 978-7-5130-8414-7	
京权图字：01-2022-6046	

出版权专有　侵权必究

如有印装质量问题，本社负责调换。

序　言

1. 专利审查实务能够使您在短时间内高效率地学到知识

专利法和审查基准①要学习的量很大，初学者要全部读懂并不是一件容易的事情。另外，还存在很多没有写在审查基准中，但在实务中却很重要的事项。

因此，在本书中，通过

在第 1 章中，严格地选出在审查基准中很重要的部分，并对此进行学习；

在第 2、3 章中，对审查基准中没有详细记载的重要事项进行学习。

致力于在短时间内高效率地掌握在实际工作中能够得到发挥的技能。为方便大学课堂或各种研修等学习的人使用，从基本的事项到有深度的内容按顺序进行解说。

2. 专利审查实务对于研发人员、申请人/代理人是很有用的知识

专利审查的技能不仅对于审查员或检索员起重要作用，此外，申请人/代理人通过知晓审查员的审查实务也能够更容易得到授权。还有，我认为这对于查找用于将他人专利权无效的材料的检索能力的提高也是很有帮助的。对于对专利法感兴趣的人、从事研发的人员来说，从早日获得授权的意义上来说理解专利审查的实务也是非常重要的。

---

① 为了区别于中国的审查指南，在此保留了原文的名称，译为"审查基准"。本书脚注均为译者注，以下不再说明。

3. 本书的开发契机

作者在工业所有权信息·研修馆（INPIT）实施的调查业务实施者培训研修中负责专利法和审查基准的讲课。调查业务实施者（通常称为"检索员"）受特许厅之托，从事对专利申请进行现有技术的调查并向审查员报告结果的工作。研修的听讲人员中有很多是技术人员出身，他们所掌握的专利法或审查基准的法律方面的知识还说不上很充分。因此，开发了本书，以期成为即使是技术人员（专利法或审查基准的初学者）也能够在短时间内掌握专利审查实务所需要的技能的专业书。

但是，本书已超出了最初的撰写目的，其内容不仅可以满足调查业务实施者的需求，还可以满足作为主攻的专业领域的学生、专业的研发人员，以及实业界法务人员的需求。

能有更多的相关人员来阅读本书，并能够对研究和实务也有所帮助，这对于笔者来说将是一件无比开心的事。

千本润介

2018 年 12 月

鸣　谢

　　本书是作者作为特许厅审查员的实务经验和作为大学教师的教学经验的一种集成。对还不太习惯一桥大学教师生活的我给予大力支持的相泽英孝老师（一桥大学名誉教授、武藏野大学教授）、井上由里子老师（一桥大学教授），对给予我在庆应义塾大学教学机会的羽鸟贤一老师（一般社团法人大学技术转移协议会秘书长、原庆应义塾大学教授），以及对在特许厅专利审查实务中给予我指导的各位，在此表示衷心的感谢。

　　在本书的企划、执笔过程中，受到了伊藤健太郎先生（TMI 综合法律事务所合伙人辩理士）的多方关照。伊藤先生早在本书的企划阶段，就欣然接受担任此书监修，在执笔阶段也给予我很多有益的建议。另外，特许厅的关景辅审查员不计回报地对本书的稿件进行了全面的确认，并给出了很多有益的建议。要是没有伊藤先生和关审查员的大力支持，本书就不可能问世，在此由衷地感谢他们。

　　对给予本书以开发契机的独立行政法人工业所有权信息·研修馆（INPIT）的各位也表示深深的感谢。为 INPIT 的研修而制作的资料构成了本书的基础部分。

　　感谢大学课堂和 INPIT 研修的听讲人，大家的提问和点评对充实本书的内容都起了很大的作用。

　　为了赶在 2019 年开始前出版本书，真是难为了中央经济社的市川雅弘先生。由于市川先生的不懈努力，终于在目标期限内完成了出版，他为了本书的出版不分昼夜地付出宝贵时间，这一恩情我将难以忘怀。

　　对尽管有年幼的孩子们，但还是为我营造了能够集中精力在元旦前后、周末执笔本书的环境的妻子表示感谢。没有妻子的协助，我就不可能在短期内出版本书。

深深地感谢各位读者,今后仍请给予指点和鞭策。

千本润介

2019 年 1 月

■ **本书的阅读方法**

第 1 章为即将开始学专利审查的人而准备。因第 1 章所涉及的内容是多方面的，为方便初学者了解重要部分，将重要度用★进行了标记。

在专利审查的实务中，因创造性的重要性很高这一点是绝对的，所以本书中的重要度主要以与创造性的关系进行判断。

★★★★★　　极其重要
★★★★　　　很重要
★★★　　　　重要
★★　　　　　了解即可
★　　　　　　有时间不妨一读

由于希望读者能够对第 2 章和第 3 章整体进行阅读，所以未对其标记★。

■ **关于省略标记**

在本书中，若未明确记载所引法律名称，即为专利法的法条。例如，仅记载了"29 条 2 款"的情况，意为"专利法第 29 条第 2 款"。

另外，有时将《发明·实用新型审查基准》及《发明·实用新型审查手册》分别简称为"审查基准"以及"审查手册"。

目 录

第1章 基本篇
——学习专利审查的概要 ··· 1

§1 基础知识
§1-1 专利制度与支撑该制度的专利审查 ······························· 2
§1-2 审查基准与审查手册 ··· 4

§2 专利申请的流程
§2-1 手续的概要 ·· 6
§2-2 专利申请和实审请求 ··· 8
§2-3 申请公布 ··· 9
§2-4 专利法的保护对象（产业上可利用的发明） ··················· 10
§2-5 专利审查的流程 ··· 12
§2-6 拒绝查定不服审判 ·· 14
§2-7 专利权的授权登记和专利权的概要 ······························ 16
§2-8 专利发明的技术范围（全面覆盖原则） ························ 18
§2-9 无效审判 ··· 20
§2-10 订正审判 ··· 21

§3 申请文件和记载要件
§3-1 专利申请时的文件（36条） ······································· 22
§3-2 权利要求书（权利要求） ··· 23

§3-3　说明书 …………………………………………………… 24
§3-4　为何需要记载要件？ ………………………………… 25
§3-5　支持要件（36条6款1项） ………………………… 26
§3-6　明确性要件（36条6款2项） ……………………… 27
§3-7　可实施要件（36条4款1项） ……………………… 28
§3-8　发明的单一性（37条） ……………………………… 30

§4　手续补正和分案

§4-1　说明书、权利要求书、附图的手续补正（17条之2） ……… 32
§4-2　新事项的追加的禁止（17条之2第3款） ………… 34
§4-3　分案申请（44条） …………………………………… 37

§5　新颖性和创造性

§5-1　新颖性（29条1款各项） …………………………… 40
§5-2　创造性（29条2款） ………………………………… 41
§5-3　新颖性、创造性的判断流程 ………………………… 42
§5-4　本发明的认定 ………………………………………… 43
§5-5　引用发明的认定 ……………………………………… 44
§5-6　创造性的判断结构 …………………………………… 46
§5-7　否定创造性的要素（是否有动机） ………………… 48
§5-8　否定创造性的要素（设计变更等） ………………… 53
§5-9　否定创造性的要素（现有技术的简单拼凑） ……… 54
§5-10　肯定创造性的要素（有利效果） …………………… 55
§5-11　肯定创造性的要素（阻碍因素） …………………… 56
§5-12　审查手册附属书A　创造性案例① ………………… 57
§5-13　审查手册附属书A　创造性案例② ………………… 60
§5-14　审查手册附属书A　创造性案例③ ………………… 64
§5-15　对有特定表征的权利要求等的处理 ………………… 69
§5-16　含有利用"功能、特性等"来表征产品的描述的情形 …… 70
§5-17　含有用途限定的情形 ………………………………… 71

§5-18　子组合发明 ……………………………………………………… 73
§5-19　利用方法表征的产品权利要求（PBP）……………………… 75
§5-20　数值限定 ………………………………………………………… 76
§5-21　选择发明 ………………………………………………………… 77
§5-22　丧失新颖性的例外 ……………………………………………… 79

§6　抵触申请和在先申请
　§6-1　抵触申请（29条之2）………………………………………… 81
　§6-2　在先申请（39条）……………………………………………… 82
　§6-3　相同性的判断 …………………………………………………… 83

§7　关于专利的条约
　§7-1　巴黎公约与PCT ………………………………………………… 86
　§7-2　在国际阶段的手续 ……………………………………………… 88
　§7-3　有关PCT的参考信息 …………………………………………… 90

§8　优先权、外文申请
　§8-1　巴黎优先权 ……………………………………………………… 92
　§8-2　本国优先权（41条）…………………………………………… 98
　§8-3　外文书面申请 …………………………………………………… 100
　§8-4　原文新事项 ……………………………………………………… 101

第2章　案例探讨篇
　　　　——通过实际案例学习审查流程
　　　　——通过实际案例学习对申请人有效的修改策略 …………… 103

§1　学习实际案例的审查过程
　§1-1　本申请 …………………………………………………………… 104
　§1-2　引用发明（对比文件中记载的发明）………………………… 109
　§1-3　驳回理由通知 …………………………………………………… 112
　§1-4　对于驳回理由通知的答复 ……………………………………… 114

3

§1-5　拒绝查定和审判请求 ·················· 116
　　§1-6　前置报告书和审决（到引用发明的认定为止）·········· 119
　　§1-7　审决（对比）·················· 121
　　§1-8　审决（判断：维持没有创造性的拒绝查定）············ 123

§2　以实际案例为题材，探讨申请人的答复策略
　　§2-1　申请人答复策略的探讨 ·················· 126

第3章　发展篇
　　——学习从审查基准不容易注意到的、审查基准中
　　　　没有写的东西 ·················· 129

§1　如果仅仅是专利法或审查基准会有什么不够的？
　　§1-1　所谓审查基准到底是什么？ ·················· 130
　　§1-2　要进行高效率的检索就必须掌握审查基准的知识 ········ 132
　　§1-3　从审查基准很难注意到的审查要点 ·················· 133

§2　对比练习
　　§2-1　对比练习（本发明）·················· 134
　　§2-2　对比练习（认定的引用发明）·················· 136
　　§2-3　本发明与对比文件的对比 ·················· 137

§3　即使结合起来也无法成为本发明的案例
　　§3-1　假想案例（本发明）·················· 141
　　§3-2　引用发明 ·················· 143
　　§3-3　结合起来能成为本发明？ ·················· 145
　　§3-4　隐藏在翻译成本发明的表述中的后见之明的结构 ········ 147

§4　预设了假想引用发明的检索策略
　　§4-1　将权利要求作为一个整体的检索策略 ·················· 149
　　§4-2　副引用发明的检索策略的部署 ·················· 151

§4-3　开始检索之前的检索策略 …………………………………… 154
　　§4-4　部署预设了假想引用发明的检索策略的优点 …………… 157

附　录 ……………………………………………………………………… 158
　　附录1　将检索结果向他人进行说明时用的检查表（附回答例）…… 159
　　附录2　专利分类的查找方法 ………………………………… 162

结语　～AI会吃掉专利审查？～ ……………………………………… 164

事项索引 ………………………………………………………………… 166

参考文献·资料 ………………………………………………………… 170

作者介绍 ………………………………………………………………… 172

翻译后记 ………………………………………………………………… 174

第1章
基本篇
——学习专利审查的概要

在本章中，我们以专利法①（与审查有关的部分）和审查基准为中心学习专利审查的概要。初学者请通过本章加深理解。

另外，本书也包含了子组合发明等在2015年10月的审查基准全面修订时增加的内容。曾学过审查基准的人也可以根据需要利用它来进行知识的确认或更新。

§1　基础知识　p. 2
§2　专利申请的流程　p. 6
§3　申请文件和记载要件　p. 22
§4　手续补正和分案　p. 32
§5　新颖性和创造性　p. 40
§6　抵触申请和在先申请　p. 81
§7　关于专利的条约　p. 86
§8　优先权、外文申请　p. 92

> 已经充分地理解了专利法或者审查基准的人可以跳过第1章，直接阅读第2章、第3章。

---

① 原文为"特許法"，日语的"特許"对应于中文的"发明专利"，所以，日文的"特許法"直接翻译成中文应该为"发明专利法"，但在本书中统一译为"专利法"。请注意，在概念上，本书中的"专利法"与中国的《专利法》有所不同。

§1-1 专利制度与支撑该制度的专利审查

重要度 ★★★

1. 专利制度的概要

> ① 定义
>   是为了实现发明的保护和利用的知识产权制度
> ② 宗旨
>   奖励发明，从而为产业的发展作贡献
> ③ 要件
>   新颖性、创造性等要件（从为产业的发展作贡献这一宗旨出发）
> ④ 效果
>   从发明的利用的观点来看**发明就是公开**
>   **以对公开的代偿对专利发明实施保护**（为生产经营目的而实施专利发明的权利是专有的）   【公开代偿说】
>   ・既可以自己实施，也可以许可给第三人
>   ・无正当权利的第三人若实施该权利则可以其侵犯了专利权而要求其赔偿损失、停止侵权等

专利制度，以通过实现发明的保护和利用，奖励发明，从而为产业的发展作贡献为目的（专利法第1条）。通过公开发明使技术信息能够得到利用，以促进技术的进步，为产业的发展作贡献。**作为公开的代偿**[①]**给予了一定期间内由专利权进行的保护（排他性的独占权）**（公开代偿说）。若对没有新颖性、创造性的发明也给予保护，则反而会使产业的发展受到阻碍，所以规定了新颖性、创造性等要件。

（法律制度按照定义、宗旨、要件、效果来整理并理解比较适合。）

---

① "公开的代偿"来自原文，相当于中文的"公开换保护"。

2. 支撑知识创造循环的迅速、确切的专利审查

■ 知识创造的循环

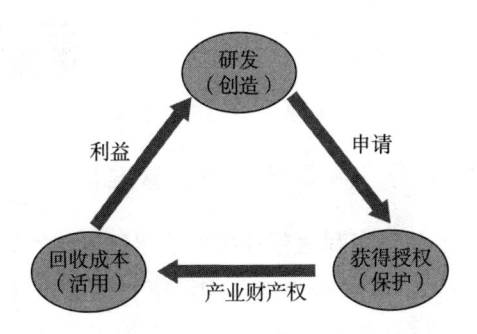

知识创造的循环，是①将开发出来的优异成果权利化；②通过将专利权进行活用等来回收研发费用；③然后使其再次在新一轮的研发中发挥作用的这样一种思路。为充分发挥知识创造循环的作用，特许厅一直以来致力于迅速、确切的专利审查。

当前，日本的审查速度是世界最快级别的，一个审查员的处理件数是欧美的 3～5 倍（详见下图）。2014 年，发布了关于专利审查的质量政策，提出授予"强、宽、有用"的专利权的方针，不仅重视速度，还重视质量。

■ 一个审查员的审查处理件数

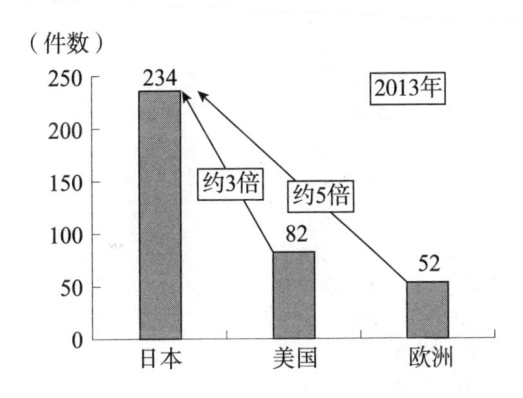

出处：特许厅《2015 年特许厅实施厅目标参考资料》

§1-2 审查基准与审查手册

重要度 ★★

1. 发明专利·实用新型审查基准（审查基准）

审查基准是总结了**关于专利法等相关的法律适用基本思路的资料**，不仅对于审查员，而且对于申请人/代理人加深理解审查实务也是很重要的。2015年10月对审查基准进行了全面的修订，之后还进行了几次修订。审查基准登载于特许厅的网页（https：//www.jpo.go.jp/system/laws/rule/guideline/patent/tukujitu_kijun/index.html）。

然而，审查基准的信息量相当庞大，在执笔本书时，就有大约500页的量，其内容也很专业。对于准备从现在开始学习审查实务的人，要是从头开始阅读的话则门槛会相当高。

本书从大量的审查基准中严格选出了重要的部分进行解说，所以，与直接就开始审查基准学习的情况相比，通过本书可以高效率地学到审查的要点。

> 审查基准居然有500页？！那真是读不完的……

> 没事，审查基准中特别重要的内容是有限的。理解了本书中标记的重要部分，剩下的细节知识不需要全部都记住，只需像辞典那样根据需要能够查阅就可以了。

2. 发明专利·实用新型审查手册（审查手册）

审查手册中有很多细节内容，所以没必要硬着头皮去阅读。

不过，审查手册的**附属书 A 中登载了审查基准的案例集**，倒是应该通读一遍这些案例。另外，若是负责计算机软件相关发明、生物相关发明、医药相关发明的技术领域的人员，最好能对附属书 B 中的内容有所理解。（https：//www.jpo.go.jp/system/laws/rule/guideline/patent/tukujitu_kijun/document/index/all.pdf）

- **重要的驳回理由是有限的**

在审查基准中对各种驳回理由进行了解说，如下图所示，常用的驳回理由是有限的。优先从通知率高的驳回理由的审查基准开始学，这样效率就会很高。至于该图中没有列出的驳回理由，它们在审查意见通知中是很少见的。

■ 驳回理由的通知率（2008 年）

驳回理由	通知率
缺乏创造性	~83%
违背撰写要件	~45%
缺乏新颖性	~26%
新事项的追加	（因为没有数据，故记载了基于作者经验的预测值）
产业上可利用的发明	〃
抵触申请	〃
单一性	〃
在先申请	〃

作者利用 2009 年 4 月 7 日第 2 次审查基准专门委员会（资料 4）的数据制作。

（注）一份审查意见通知中有可能会包含多个驳回理由，所以，通知率的总和是超过 100% 的。

§2-1 手续的概要

重要度 ★★★

■ 手续的概要

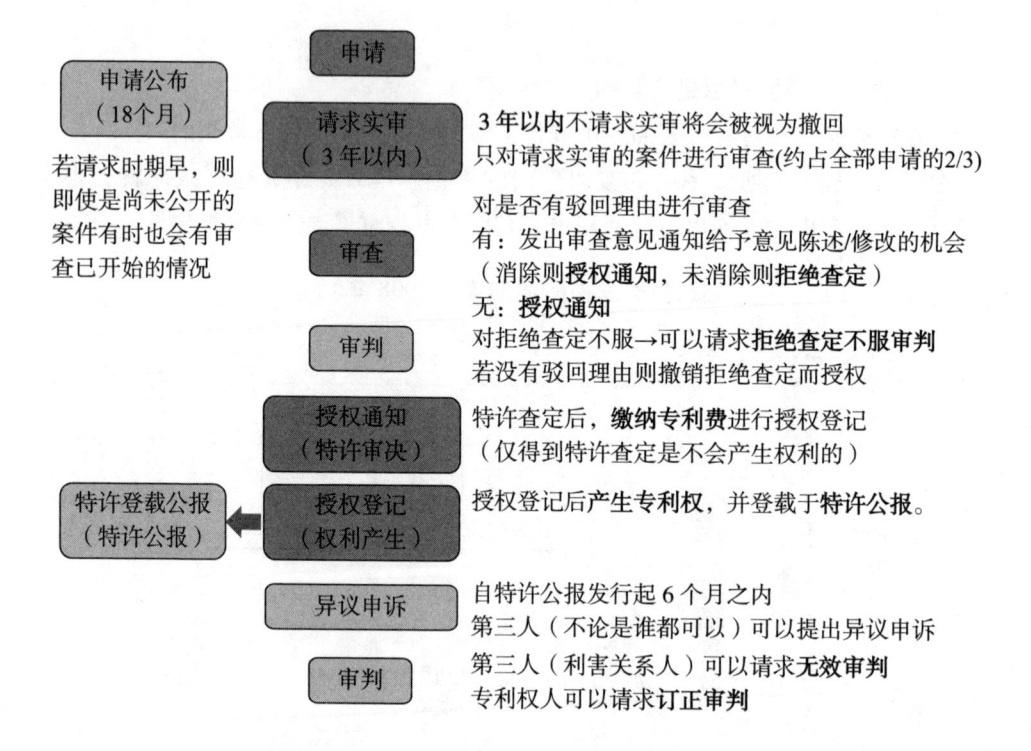

```
申请
　│
请求实审　　　3 年以内不请求实审将会被视为撤回
（3 年以内）　只对请求实审的案件进行审查(约占全部申请的2/3)
　│
审查　　　　　对是否有驳回理由进行审查
　　　　　　　有：发出审查意见通知给予意见陈述/修改的机会
　　　　　　　（消除则授权通知，未消除则拒绝查定）
　　　　　　　无：授权通知
　│
审判　　　　　对拒绝查定不服→可以请求拒绝查定不服审判
　　　　　　　若没有驳回理由则撤销拒绝查定而授权
　│
授权通知　　　特许查定后，缴纳专利费进行授权登记
（特许审决）　（仅得到特许查定是不会产生权利的）
　│
授权登记　　　授权登记后产生专利权，并登载于特许公报。
（权利产生）
　│
异议申诉　　　自特许公报发行起 6 个月之内
　　　　　　　第三人（不论是谁都可以）可以提出异议申诉
　│
审判　　　　　第三人（利害关系人）可以请求无效审判
　　　　　　　专利权人可以请求订正审判
```

申请公布（18个月）
若请求时期早，则即使是尚未公开的案件有时也会有审查已开始的情况

特许登载公报（特许公报）

　　要获得专利权，首先必须进行**专利申请**（36 条）（这一点与著作权的无形式条件方式，即在作品创作的同时产生著作权的著作权制度有很大的不同）。

　　另外，专利审查只有在提出申请的实审请求（通常称为"**实审请求**"）（48 条之 3）后才会进行。申请后若 3 年之内不提出实审请求则申请将会被视为撤回，所以需要注意这一点。

6

在**专利审查**中，审查员会对是否存在各种驳回理由进行检查。如果完全没有驳回理由，就直接**授权通知**（授权）。若存在驳回理由，就会发出**驳回理由（审查意见）通知**（不会直接作出拒绝查定[①]）。对此，申请人可以提交意见陈述书或手续补正书。审查员通过阅读申请人的答复（意见陈述书、手续补正书），判断驳回理由是否已经消除，若已消除就作出**授权通知**，若未消除就作出**拒绝查定**。若对拒绝查定不服，申请人可以利用拒绝查定不服审判提出不服的申诉。

专利审查的结果，获得授权通知后，缴纳专利费然后进行专利权的授权登记，这样专利权就产生了（66条1款）。专利权要是存在某些瑕疵，有时会被**提起异议申诉、无效审判、订正审判**。

> 在第2章案例探讨篇中（p. 103~），有实际案例的审查流程，可以事先看一下。

[①] "拒绝查定"，直接使用了日文的汉字，相当于中国的"驳回决定"。

§2-2 专利申请和实审请求

重要度 ★★

1. 专利申请

■ 不提交申请是无法得到授权的
① 在发明完成时只是产生了**申请专利的权利**
- 申请专利的权利原则上针对发明人而产生
- 什么人能作为发明人？
  - 实际实施**发明创作行为**的人
    ⇒ 单纯的辅助人员、提建议的人、提供资金的人、发号施令的人等都不能作为发明人
  - 只有自然人才能够成为发明人（法人不行）
② 申请专利的权利是**可以承继**的
- 具有申请专利的权利的人（发明人或其继承人）可以进行专利申请
- 发明人承继给公司，并由公司申请的情况很多

有"申请专利的权利"的人可以进行专利申请。申请专利的权利，原则上针对发明人个人而产生（29条1款柱书）。从2015年修改法开始，职务发明的专利申请权也可以一开始就是对于企业等产生的权利（35条3款）。

2. 专利申请实质审查的请求（实审请求）

实审请求是通过仅对需要审查的申请进行审查以促进审查的制度。若自申请日起3年以内提交了实审请求（48条之3），则开始进行专利审查。若3年以内不提出实审请求则会被视为撤回（大约有1/3的申请没有被提交实审请求）。

§2-3　申请公布

重要度　★★★

- ■ 自专利申请之日（优先权日）起18个月
  申请内容登载于公开特许公报（公开公报）
  - 防止研发投资重复
  - 促进作为技术文献的利用
    - 提供技术种子
    - 提供技术需求（课题）

自专利申请日（若主张了优先权则为优先权日）起经过18个月，申请就会被公布，发明的内容也会被登载出来（64条）。要是未公开状态长期持续，就会出现多人对相同的发明进行研发投资等不利情况，为此导入了申请公布制度。

因为公开公报有可能导致在专利权授权之前发明就被模仿，为此，以通过记载了发明内容的文件事先进行警告等作为要件，可以在专利授权后行使补偿金（相当于许可费的金额）请求权[①]（65条）。

> 实审请求的期限是自申请日起3年之内，申请的公布是自申请日（优先权日）起18个月内，所以，有的申请在公布时已经提交了实审请求，也有尚未提交的。

---

① "补偿金请求权"来自原文，对应于中国的"临时保护"。

§2-4　专利法的保护对象
　　　　（产业上可利用的发明）

重要度　★★

　　提交的专利申请，能够得到授权的只有"产业上可利用的发明"（29条1款柱书）。该要件分为①属于专利法上的"发明"；②具有产业上的利用可能性，若不符合其中之一的要件就会被驳回。

1. 是否属于专利法上的"发明"（29条1款柱书）

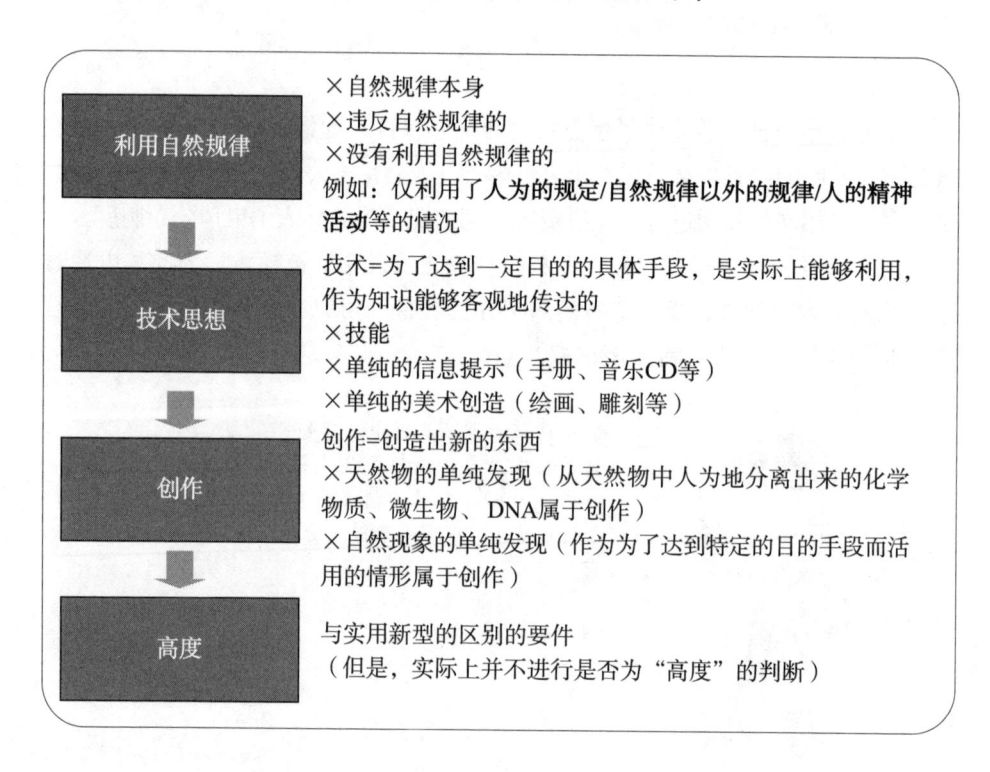

利用自然规律
×自然规律本身
×违反自然规律的
×没有利用自然规律的
例如：仅利用了人为的规定/自然规律以外的规律/人的精神活动等的情况

↓

技术思想
技术=为了达到一定目的的具体手段，是实际上能够利用，作为知识能够客观地传达的
×技能
×单纯的信息提示（手册、音乐CD等）
×单纯的美术创造（绘画、雕刻等）

↓

创作
创作=创造出新的东西
×天然物的单纯发现（从天然物中人为地分离出来的化学物质、微生物、DNA属于创作）
×自然现象的单纯发现（作为为了达到特定的目的手段而活用的情形属于创作）

↓

高度
与实用新型的区别的要件
（但是，实际上并不进行是否为"高度"的判断）

在专利法中规定,"发明"为"利用了自然规律的技术思想创作中的高度的部分"(2条1款)。而"高度"的要件是为了区别于实用新型而设(本来实用新型是以保护得不到发明专利授权的小发明为目的的)。然而,当前实务中对是否为"高度"的要件不进行判断。

除了如商务相关发明那样的是否属于"发明"容易成为问题的领域之外,对该要件不必太在意。商务相关发明与ICT技术相关的较多,需要考虑审查手册附属书B第1章的"计算机相关软件发明"的内容。

2. 产业上的利用可能性（29条1款柱书）

■ 属于以下情形的为没有产业上的利用可能性
① 对人进行手术、治疗或者诊断的方法的发明
- （医疗器械、医药本身没有问题）

② 不能为生产经营目的而利用的发明
- 仅个人利用的发明（抽烟方法等）
- 仅在学术上、实验上利用的发明

③ 理论上可以实施，但实际上无法实现的发明
- 例如：为了防止伴随臭氧层的减少而产生的紫外线增加，将地球表面整体用吸收紫外线的塑料薄膜进行覆盖的方法

在产业利用可能性被否定的类型中，在实践中往往成为问题的是对人进行手术、治疗或者诊断方法（医疗行为）的发明。若允许对医疗行为授权，医师就有可能因为惧怕侵犯专利权而对其医疗行为有所顾虑，所以医疗行为本身不作为授权的对象（医药或医疗器械等是可以作为授权对象的）。

§2-5 专利审查的流程

重要度 ★★★

■ 专利审查的流程

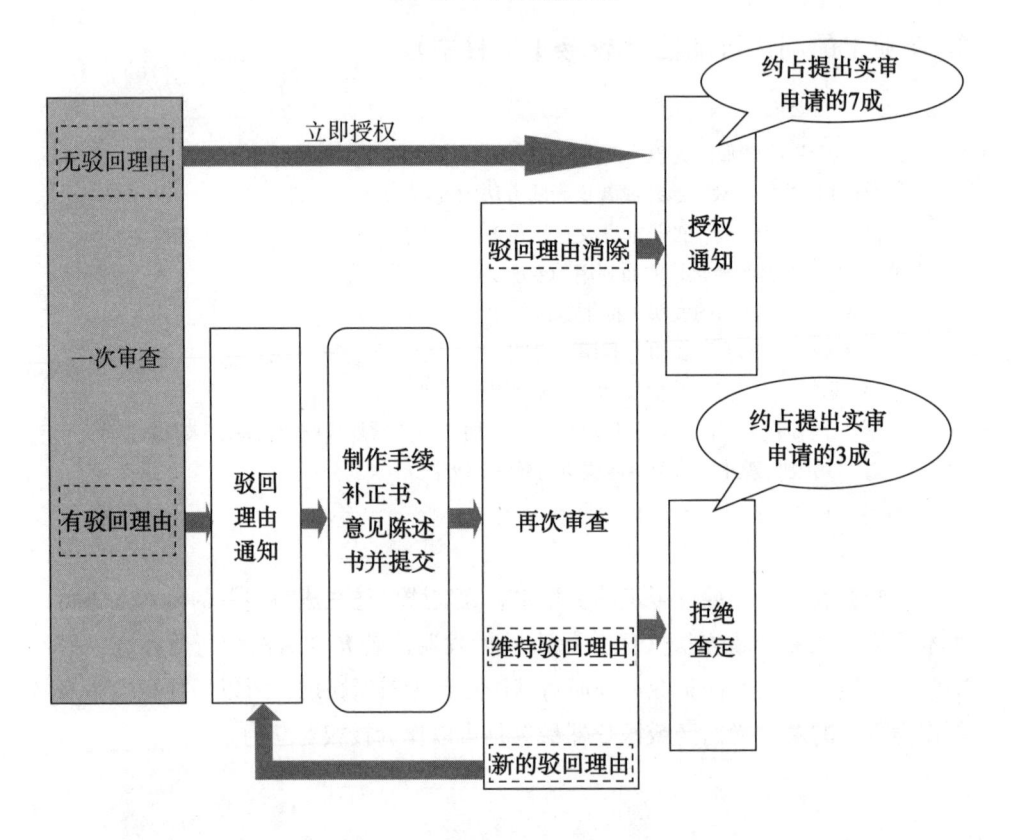

```
                                              约占提出实审
                                              申请的7成
          立即授权
 ┌─────┐ ─────────────→  ┌────┐
 │无驳回理由│                    │    │
 └─────┘                    │授权│
                            │通知│
一次审查      ┌─────┐       │    │
             │驳回理由│       └────┘
             │消除  │
 ┌─────┐    └─────┘
 │有驳回理由│ → 驳回 → 制作手续 → 再次审查
 └─────┘    理由   补正书、
             通知   意见陈述              约占提出实审
                    书并提交              申请的3成
                            ┌─────┐   ┌────┐
                            │维持驳回理由│ → │拒绝│
                            └─────┘   │查定│
                                       └────┘
                            ┌─────┐
                         ← │新的驳回理由│
                            └─────┘
```

直接授权的只占 1~2 成，大多数的申请都以接到驳回理由通知后提交手续补正书和意见陈述书而得到授权通知为目标。最终大约 7 成得到授权，所以，驳回理由通知并不是"驳回的事先通知"，而是包含着很强的"为了实现授权与审查员的沟通"要素。

在专利审查中，对是否有以下各种驳回理由进行审查。特别是，是否有创造性是审查的关键点。

- 产业上可利用的发明（29条1款柱书）
- 新颖性（29条1款）
- 创造性（29条2款）
- 抵触申请（29条之2）
- 在先申请（39条）
- 记载要件（支持要件、明确性要件、可实施要件①等：36条）
- 修改的要件（新事项的追加②等：17条之2）

存在驳回理由时，并不是马上就作出拒绝查定（驳回），而是至少作出一次驳回理由通知。反之，若完全没有驳回理由，就可以**直接授权**。

申请人可以在审查意见通知的指定期间内，通过修改以消除驳回理由，或通过意见陈述进行争辩。若申请人在指定期间内不进行答复，则原则上作出拒绝查定（返拒绝查定③）。

若申请人在指定期间内通过手续补正书或意见陈述书进行了答复，则进行再次审查。若已经通知的**驳回理由仍未被消除则作出拒绝查定**。若已消除，通常作出授权通知，若有新的驳回理由产生（例如，因修改产生了新事项的追加的驳回理由）等，则再次发出驳回理由通知。

> 专利审查并不是针对很厉害的发明授权。采用检查申请是否属于各种驳回理由的情形这样一种消极的检查方式。若不存在任何一种驳回理由，那么该申请就可以得到授权。

---

① "可实施要件"对应中国的"充分公开要件"。
② "新事项的追加"或"追加新事项"对应于中国的"超范围"。
③ "返拒绝查定"专指对驳回理由通知不作任何答复而被"拒绝查定"的情况。

§2-6　拒绝查定不服审判*

重要度　★★

1. 拒绝查定不服审判的概要

■ 对拒绝查定不服情形的审判
① 自拒绝查定誊本的送达日起3个月以内请求
② 由合议组（3人或5人）进行审理
- 有驳回理由：驳回审决
- 但是，在审判阶段会有需要通知新的驳回理由的情形。
- 若对拒绝审决不服，可以向知识产权高等法院（简称知产高院）（不是东京地方法院）提起审决撤销诉讼
- 无驳回理由：特许审决
- 撤销拒绝查定

当对拒绝查定不服时，在拒绝查定誊本送达3个月以内可以提出拒绝查定不服审判（121条）的**请求**。为了进行慎重的审理，由3名或5名（通常是3名）审判官①组成的合议组进行审理。

但是，**在审判请求时若对说明书、权利要求书、附图的其中之一进行了修改，则会在审判合议组进行审理之前由审查员进行再审查（前置审查）**。审查员若判断可以授权，则审查员就会撤销拒绝查定，发出授权通知（这种情况下，就不需要再去指定审判合议组从头开始审理）。另外，审查员若判断不能授权，则会在前置报告书中记载其理由。审判合议组在前置报告的基础上进行审理。

---

* "拒绝查定不服审判"相当于中国的"复审"。日本的"审判"对应中国的"复审"。
① "审判官"相当于中国的"复审审查员"。

14

合议组审理的结果，若判断为有驳回理由则请求不成立（维持拒绝查定，即拒绝审决）。这种情形，可以向东京高级裁判所［知识产权高等法院（简称知产高院）］提起审决撤销诉讼①（178 条 1 款）。另外，若判断为无驳回理由则撤销拒绝查定（通常会直接给出应该予以授权的审决，即授权的审查决定）。

---

① "审决撤销诉讼"属于行政诉讼的一种。"审决"来自原文，相当于中国的"审查决定"。

§2-7 专利权的授权登记和专利权的概要

重要度 ★★★

得到授权通知后，**缴纳专利费后进行专利权的授权登记，专利权就产生了**（66条1款）。之后，登载于特许公报（特许登载公报）（66条3款）。若在规定期间内不缴纳专利费则会被申请却下①。

专利权的概要如下：

> ■ **专利权由授权登记而产生**
> ① 保护期：自专利申请日起20年
> ② 专利权人专有为生产经营目的而实施专利发明的权利
> • 专利权要是被侵犯可以要求赔偿损失、停止侵权等
> • 不是"为生产经营目的"就不构成侵权
> – 即使是非营利的情形，只要是"为生产经营目的"的就有可能构成侵权
> ③ 专利发明的技术范围以权利要求书（权利要求）的记载为准

专利权人专有②为生产经营目的而实施专利发明③的权利（68条）。专利权的保护期不是自权利发生（授权登记）起算，而是自申请日起算20年（67条1款）。

---

① "申请却下"来自原文，为一专业术语，中文意为"申请不予接受"。
② "专有……的权利"来自原文，"专有"为法律术语，中文意为"……具有独占排他的权利"。
③ "专利发明"来自原文的"特許発明"，而在日本的专利法中"特許発明"定义为"得到授权的发明"（2条2款）。因此，本书中"专利发明"是指"得到授权的发明"。

第1章 基本篇

　　若无正当权利的第三人实施属于专利发明的技术范围的行为则构成侵犯专利权，将成为损害赔偿请求（民法709条）、停止侵权请求（100条）的对象。在§2-8中我们将学习关于专利发明技术范围的思路。

> 只需认识到专利发明的"实施"是指"使用"属于专利发明的技术范围的专利技术就够了（准确的定义请参照p.28的①~③）。
> 另外，损害赔偿请求是对过去的侵权行为造成的损失的赔偿请求，停止侵权请求是为了停止当前或将来的侵权行为的请求。

§2-8 专利发明的技术范围
（全面覆盖原则）

重要度 ★★★★

【权利要求1】一种铅笔，其特征在于，具有横断面为六角形的木制的轴，且该轴的表面涂有涂料。

- 只要不属于具备了权利要求**所有构成要素的情形**，原则上就不落入技术范围（全面覆盖原则）
- 对具有多个构成要件的情形则要在进行**分段**后考虑
  （A）横断面为六角形的
  （B）具有木制的轴
  （C）以该轴的表面涂有涂料为特征的
  （D）铅笔
- 满足A+B+C+D的全部的就落入技术范围（若无正当权利而实施则侵犯专利权）
- 各构成要件的下位概念是满足该构成要件的
  例如：C的"涂料"中包括"萤光涂料""防锈涂料"等。
- 只要全部满足A+B+C+D则即使还有追加的特征（通常）也落入技术范围
  例如：一种带有橡皮的铅笔，其特征在于：具有横断面为六角形的木制的轴，该轴的表面涂有涂料。

专利发明的技术范围（保护范围）以权利要求书（权利要求）的记载为准（70条1款）。在上述案例中，对权利要求（权利要求1）的各技术特征[①]（上述A～D）进行逐个分析，只有在被诉侵权产品具备了全部技术特征的情况下，其才落入专利发明的技术范围，构成侵犯专利权（全面覆盖原则）。

---

① 原文直译是"构成要素"。

第 1 章　基本篇

```
说明书
  发明的名称"杯子"
  发明的详细说明
    使用了**铝**的杯子的
    实施例
    使用了**铜**的杯子的
    实施例

权利要求书
  使用了**金属**的杯子
```

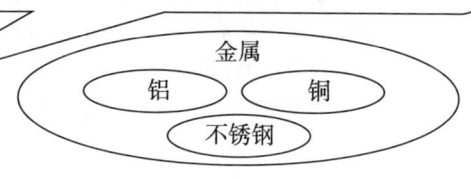

- 若记载为"使用了铝的杯子"则不能对使用了铝以外的金属的杯子行使权利。
- 若记载为"使用了铜的杯子"则不能对使用了铜以外的金属的杯子行使权利。
- 若记载为"使用了金属的杯子"则对于所有使用了金属的杯子都可以行使权利。
- 但是，若记载为"使用了金属的杯子"，在使用了不锈钢的杯子是已知的情况下，就没有新颖性了。
- 要获得权利要求范围宽的专利权，就需要在"发明的详细说明"中记载多种多样的实施例。

金属：铝、铜、不锈钢

摘自：特许厅《2018年度知识产权制度说明会（面向初学者）课件》

> 若将权利要求的范围扩大，则授权后的权利范围是变宽了，同时与现有技术的差距也就变小了，要克服新颖性、创造性的问题就会变得困难。
> 因此，申请时将权利要求的范围写得稍微大些，在接到审查员关于新颖性、创造性的驳回理由通知的时候，对权利要求进行减缩，以避开审查员作为依据举出的现有技术，去争取获得尽可能宽的专利权，这是常用的策略。

19

§2-9 无效审判

重要度 ★★

■ 用于在已成立的专利权存在瑕疵时将其无效的审判
① 利害关系人可以请求
② 由合议组进行是否有**无效理由**的审理
  - 典型的情形就是找到了新的否定新颖性、创造性的现有技术等
  - 也有属于驳回理由但不属于无效理由的
    例如：发明的单一性、一部分撰写要件（现有技术的公开要件等）
③ 专利权被无效时，**该专利权就被视为自始不存在**
  - 若对审决不服可以向知产高院提起诉讼

无效审判（123条）是**用于当专利权存在瑕疵（无效理由）时将该专利权无效的审判**。只有利害关系人才能请求无效审判。与驳回理由同样，缺乏新颖性或创造性等属于无效理由，但是如发明的单一性（37条）那样的形式上的瑕疵，即使它属于驳回理由，却不是无效理由。这种形式上的瑕疵在审查阶段被发现时该申请会被驳回，然而即使因疏忽而被授权也不会因此被无效。

另外，由2014年修改追加的**异议申诉**（113条）制度也与无效审判相同，也是针对已经成立的专利权存在瑕疵（异议理由）的情形的制度，但可提起异议申诉的不限于利害关系人，无论是谁都可以提起，不过，可提起异议申诉的期间限制在特许公报发行后6个月内。

§2–10　订正审判

| 重要度 | ★ |

■ 在专利权登记后，专利权人对说明书、权利要求书等进行订正的审判
① 要注意订正与修改的区别
② 实质上**扩张或变更**了权利要求范围的订正是不允许的
③ 对审决不服可以向知产高院提起诉讼

在专利申请的审查阶段，可以通过"修改"来变更说明书、权利要求书、附图的内容；但是在专利权授权登记后，必须通过"订正"这一比较严格的手续进行变更。

专利权人要主动修正专利权的瑕疵时，需通过订正审判（126 条）进行订正。例如，可以预想授权后因新发现了现有技术而产生无效理由时，用来消除无效理由等的情形。

实质上扩张或变更（一部分减缩的同时另一部分扩张）权利要求的订正有可能给第三人利益带来损害，所以是不被认可的。

另外，已经被提起无效审判的情况下是不能请求订正审判的，但在无效审判中可以通过订正请求来进行订正（134 条之 2）。

§3-1 专利申请时的文件
（36条）

重要度 ★★★

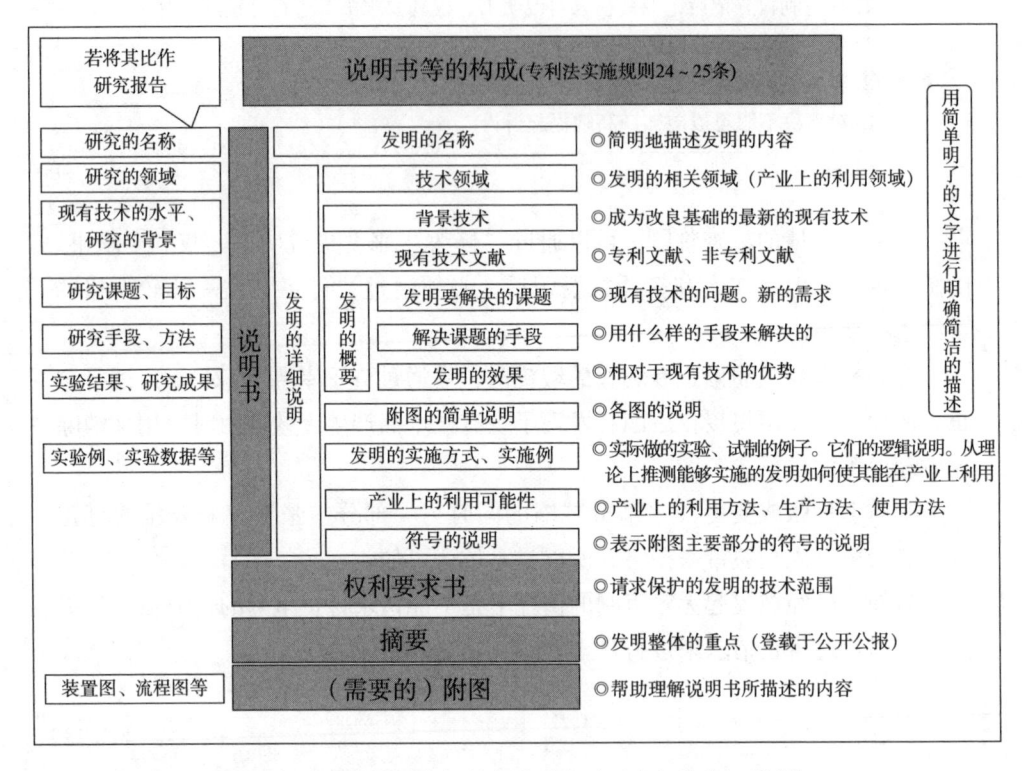

若将其比作研究报告	说明书等的构成 (专利法实施规则24～25条)			用简单明了的文字进行明确简洁的描述
研究的名称	说明书	发明的名称	○简明地描述发明的内容	
研究的领域		技术领域	○发明的相关领域（产业上的利用领域）	
现有技术的水平、研究的背景		背景技术	○成为改良基础的最新的现有技术	
		现有技术文献	○专利文献、非专利文献	
研究课题、目标		发明的概要 / 发明的详细说明 — 发明要解决的课题	○现有技术的问题。新的需求	
研究手段、方法		解决课题的手段	○用什么样的手段来解决的	
实验结果、研究成果		发明的效果	○相对于现有技术的优势	
		附图的简单说明	○各图的说明	
实验例、实验数据等		发明的实施方式、实施例	○实际做的实验、试制的例子。它们的逻辑说明。从理论上推测能够实施的发明如何使其能在产业上利用	
		产业上的利用可能性	○产业上的利用方法、生产方法、使用方法	
		符号的说明	○表示附图主要部分的符号的说明	
	权利要求书		○请求保护的发明的技术范围	
	摘要		○发明整体的重点（登载于公开公报）	
装置图、流程图等	（需要的）附图		○帮助理解说明书所描述的内容	

摘自：特许厅《2018年度知识产权制度说明会（面向初学者）课件》

专利申请时，**在专利请求书（记载申请人、发明人的姓名、住所等）中附上说明书、权利要求书（权利要求）、附图、摘要的文件**（36条2款）。附图是任意的，但绝大多数的申请都附有附图。下面将学习各类文件的作用和记载要件。

§3-2 权利要求书
（权利要求）

重要度 ★★★

- ■ 在本申请的审查时是最为重要的
- ① 俗称"**权利要求**"
  - 有时是指整个权利要求书，有时是指各个权利要求（有时称为权利要求N）
- ② 具有作为**权利书**来确定**专利的保护范围的功能**
  - 即使说明书中有记载，如果没有记载于权利要求中，该发明就无法包含在保护范围内。
  - **新颖性、创造性的判断**也基于权利要求来进行
    在审查阶段，权利要求越宽，其与现有技术的差异就越不明显，也就越容易被驳回。有很多的申请会收到缺乏新颖性、创造性的通知，很多情况下是为了避免新颖性、创造性的问题而对权利要求进行修改并减缩后得到授权的
- ③ 权利要求必须明确（**明确性要件**）
- ④ 权利要求必须得到发明的详细说明（说明书）的支持（**支持要件**）

权利要求书（权利要求）是界定专利权的权利（保护）范围的权利书。**作为权利书的权利要求书（权利要求）会受到最重点的检查**。在权利要求书中，区分成 1 项以上的**权利要求**来描述发明的技术特征（参照 p.106，36 条 5 款）。如果权利要求写得宽泛，授权得到的权利范围变宽，但是专利的新颖性、创造性也会变得容易被否定（p.19）。另外，需要注意明确性要件、支持要件（后述）。

§3-3　说明书

重要度　★★★

■ 作为技术文献，使第三人知晓发明的技术内容，并给予利用发明的机会
■ 发明的详细说明特别重要
① 必须明确并充分地记载，以使本领域技术人员能够实施（**可实施要件**）
- **本领域技术人员**是指发明所属的技术领域中具有通常知识的人（假想的人物）
② 将技术领域、背景技术、现有技术文献、发明要解决的课题、解决课题的手段、附图的简单说明、发明的实施方式（**实施例**）、产业上的利用可能性等记载于发明的详细说明

专利权是以发明的公开为代偿而授予的，所以专利发明的技术内容必须通过说明书明确并充分地公开。是否能说该公开明确而充分，以**本领域技术人员（发明所属的技术领域具有通常知识的人）为基准**来考虑。

说明书中要写些什么内容请参照 p.22。

"本领域技术人员"是一个在创造性审查中也会出现的重要的关键词。

§3-4　为何需要记载要件?

重要度　★★★

■ **若申请人只考虑自己的利益**

那就是既想要范围宽的权利，又希望技术尽量不要被公开

- 说明书（发明的详细说明）尽量写得模糊些
- 权利要求尽可能地上位概念化并写得宽一些

■ **这要是做过头的话……**

权利要求

说明书

明确性要件

因过于上位概念化，权利要求变得模糊，以至于搞不清楚哪些是包含于权利要求中的，哪些是不包含于权利要求中的（外延不清楚）

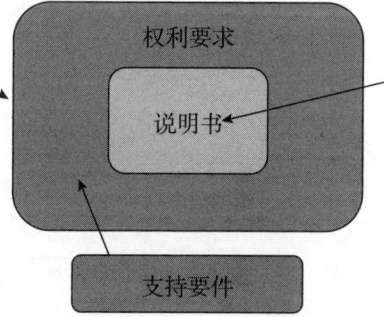

可实施要件

发明的详细说明记载模糊，本领域技术人员即使阅读后也不知道要如何具体地实施权利要求

支持要件

权利要求写得过宽，导致在权利要求的字面上，发明的详细说明中完全没有公开的发明也包含于其中

> 支持要件、明确性要件是针对权利要求的要件，可实施要件是针对说明书的发明的详细说明的要件。

§3-5 支持要件
(36条6款1项)

重要度 ★★

权利要求所涉及的发明①必须得到说明书的发明的详细说明的支持（也就是说，不能超出说明书的发明的详细说明所记载的范围）。因为对于没有公开的发明也授予专利权是违背公开代偿（p.2）宗旨的。

支持要件的判断，应通过调查<u>权利要求所涉及的发明是否超出了发明的详细说明中"记载成能使本领域技术人员认识到能够解决发明课题的范围"</u>，来探讨实质性的对应关系。

违反支持要件的类型如下：

---

① 发明的详细说明中<u>既没有记载也没有给出启示</u>的特征记载于权利要求的情形。
② 权利要求以及发明的详细说明中记载的<u>术语不统一</u>，其结果导致两者的对应关系不明了的情形。
③ 即使<u>参照申请时的技术常识</u>，也不能将发明的详细说明所公开的内容<u>扩张乃至一般化</u>到权利要求所涉及的发明的范围的情形。
④ 在权利要求中，发明的详细说明中记载的、<u>用于解决发明的课题的手段没有被反映出来</u>，导致超出了发明的详细说明的记载的范围而申请了专利的情形。

---

①、②从形式上就能够判断出来。另外，③、④由于需要考虑技术常识或课题，考虑权利要求可以扩张到什么程度，所以需要进行比较实质性的判断。

---

① "权利要求所涉及的发明"是对原文的直译，相当于中文的"权利要求的技术方案"。

§3-6　明确性要件
（36条6款2项）

重要度　★★

专利权的保护范围以权利要求为准，所以必须能够从权利要求明确得到发明。为此，需要权利要求所涉及的发明的范围是明确的，即需要记载**能使本领域技术人员理解某具体的产品①或方法是否落入权利要求所涉及的发明的范围**。

违背明确性要件可分为以下情形。

---

①权利要求的<u>描述本身</u>不明确导致发明不明确的情形。
②用于确定发明的特征<u>存在技术上的缺陷</u>而导致发明不明确的情形。
③请求保护的发明所属的<u>主题</u>（**产品发明、方法发明、生产方法发明**）
　不明确，或者记载了说不上属于哪种主题的发明而导致发明不明确的情形。
④用于确定发明的特征采用了选项的形式描述，<u>该选项之间不具有类似的性质或功能</u>而导致发明不明确的情形。
⑤<u>因存在使范围变模糊的表述</u>而导致发明的范围不明确的情形。

---

① 原文是"物"，相当于中文的"产品"，本书中统一译为"产品"。

§3-7 可实施要件
(36条4款1项)

重要度 ★★

对说明书中发明的详细说明的记载，要求其明确并充分地公开发明以使本领域技术人员能够实施。因为若发明的详细说明的记载不明确，则会失去公开发明的意义，违背公开代偿的宗旨。

本领域技术人员**能够实施**是指：①若是产品发明，能够制造该产品并能够使用该产品；②若是方法发明（为了区别于③的"生产方法"，也称为"单纯方法"），能够使用该方法；③若是生产方法发明，能够用该方法生产产品。

违背可实施要件的类型可以大致分为以下（1）、（2）两种情形。

（1）发明的实施方式的撰写缺陷导致违背了可实施要件

① 技术手段的描述很抽象或是功能性的情形
　　在发明的实施方式的描述中，对与权利要求中的技术特征对应的技术手段只是抽象地或功能性地进行了描述，没有明确具体实现所需的材料、装置、工程等是什么
② 技术手段的相互关系不明确的情形
　　在发明的实施方式的描述中，与发明的技术特征对应的各自的技术手段的相互关系不明确
③ 制备条件等的数值没有记载的情形
　　在发明的实施方式的描述中没有记载制备条件等的数值
　　即使存在属于这些类型的不明确、存在没有记载的部分的问题也不一定都属于违反了可实施要件（只有在即使基于申请时的技术常识还是无法理解这些不明确的以及没有记载的部分的存在，导致本领域技术人员无法实施权利要求所涉及的发明的情形才属于违反了可实施要件）

类型（1）是在说明书中权利要求所涉及的发明的实施方式不明确的类型。这种不明确使本领域技术人员处于一种即使阅读了说明书也完全无法实施权利要求所涉及的发明的状态。

(2)权利要求所涉及的发明中包含的实施方式以外的部分无法实施导致了违反可实施要件

> ① 在发明的详细说明中,只有权利要求中记载的上位概念中包含的下位概念的实施方式的记载达到了可实施程度的情形(仅限于以下情形)
> 　　对于该上位概念中包含的下位概念,仅关于其"一部分的下位概念"的实施方式,即使本领域技术人员考虑了申请时的技术常识(请留意包含实验或分析的方法等)仍存在认为不能说其已进行了达到明确且充分的可实施程度的说明的具体理由。
> ② 在发明的详细说明中记载了只有特定的实施方式是可实施的情形(仅限于以下情形)
> 　　因其特定的实施方式是权利要求所涉及的发明中包含的特别的部分等理由,认为本领域技术人员即使考虑了说明书和附图的记载,以及申请时的技术常识(请留意也包含实验或分析的方法等),也存在认为对该权利要求所涉及的发明中包含的其他部分是无法实施的充分理由。

类型(2)是权利要求所涉及的发明中包含了各种实施方式,其中一部分实施方式的记载达到了能够实施的程度,但其他实施方式的记载没有达到能够实施的程度的情形。**这种类型在权利要求写得过宽的时候容易产生,因此,有时候会存在与同样情况下容易产生的违反支持要件(p.26)的类型③、④如何区分**的问题,但因这已属于高水平的内容,所以在本书中只是点到为止。在实践中,不需要对"区分"过分地敏感,只需判断是否属于各记载要件的类型就足够了。

§3-8 发明的单一性
（37条）

重要度 ★

- ■ **相互之间技术上有着密切关联的发明可以用一份专利请求书进行申请**
  对于申请人来说，可以实现申请手续的简化与合理化
  对于第三人来说，可以使专利信息的利用或权利的交易更为容易
  对于特许厅来说，可以将这些申请汇总，实施高效率的审查
- ■ **反之，若将完全没有关系的发明都归到一起进行申请，就会加大特许厅或第三人的负担**
  单一性要件（37条）
  - 对两个以上的发明是否有相同的或对应的特别的技术特征（STF）进行判断
  - 所谓STF是指表明发明对现有技术的贡献的技术特征
  - 其属于驳回理由，但不属于无效理由和异议理由（因为只是手续上的瑕疵而已）

将没有相同或对应的特别的技术特征（STF：Special Technical Feature）的多个发明用一份专利请求书申请的情况，属于违反了发明的单一性。**所谓STF是指表明发明对现有技术的贡献的技术特征，即，在现有技术中属于未知的某种新的技术特征。**

在当初以为是STF的技术特征，然而检索后发现有同样的技术特征的现有技术存在，因而就不能说它是STF的情况下，有时会产生违反单一性的情形。例如，A+B的发明和A+C的发明中，当初以为A特征是STF，检索结果为发现有A的情形。这种情况称为**事后违反单一性**。

所谓相同的STF是指各发明之间STF相同的情况。另外，所谓对应的STF是指属于以下两种情形之一的情况。

① **各发明之间在与现有技术的对比中发明所具有的技术上的意义是相同或密切相关的情形**

【权利要求1】一种对氮化硅添加**碳化钛**而成的导电陶瓷。

【权利要求2】一种对氮化硅添加**氮化钛**而成的导电陶瓷。

• 无论哪一方都有"通过对氮化硅形成的陶瓷赋予导电性能,使其能够进行放电加工"这一点,在技术上的意义是相同的(但要被认可有对应的 STF 的情形,仅限于能够说其课题是**本申请提出时尚未解决的课题**的情况)

② **各发明的特别的技术特征是互补关联的情形**

【权利要求1】一种具备导通图像信号的**时间轴扩展器**的发送机。

【权利要求2】一种具备导通接收的图像信号的**时间轴压缩器**的接收机。

> 违反发明的单一性要件,因为它不是无效理由,所以认为对该要件的判断不应该过于严格。

§4-1 说明书、权利要求书、附图的手续补正
(17条之2)

重要度　★★★

1. 手续补正[①]（修改）的概要

■ 为何需要修改？
在先申请原则下，要求申请人从一开始提交的就是完整的说明书，这对于申请人来说未免过于苛刻
在审查结果发现驳回理由等情况下，有时也会有需要修改说明书等情况
- 如前已说明，实践中存在为了获取范围尽量宽的权利要求而以写得稍微宽泛的权利要求提出申请，然后再进行修改，以满足回避审查员提示的现有技术这样一种需求

■ 修改的要件（17条之2）
包括时间上的要件和实体上的要件

■ 修改的效果（追溯效果）
将手续上的瑕疵追溯到该手续的最初就已补正
- 说明书等的提交是申请最初的手续，所以修改要是得到认可，就会将其作为**从最初申请时就提交了附有修改后的说明书、权利要求书、附图的专利请求书来处理**

注：专利法上的手续各种各样，手续补正的内容也各种各样，但**在本书中，只以与审查相关的说明书、权利要求书、附图的修改为对象。**

因为修改有**追溯效力**，所以假如认可对在最初申请时没有记载的发明进行自由的追加修改，并且追溯到最初申请时，则会导致与先申请原则（先到先得）相悖的结果。因此，对于修改，规定了禁止新事项追加等一些要件。

[①] "手续补正"来自原文，相当于中国的"修改"。

2. 修改的时间上的要件（17 条之 2 第 1 款）

> ■ 可以修改的时机（主要的）
> ① 在收到最初的驳回理由通知之前随时都可以（**主动修改**）
> • 在直接授权的情况下，只要是在特许查定誊本送达前都可以进行主动修改
> ② 在收到哪怕是一次的驳回理由后，**在驳回理由通知的指定期间内**
> ③ 拒绝查定不服审判请求时

若在时间上随时都能自由地进行修改，则会使手续产生混乱而导致申请处理的延迟，所以设置了修改的时间要件。

关于①：在收到最初的驳回理由通知之前（直接授权的情况下，为授权通知誊本的送达前）随时都可以修改。因为是在驳回理由通知中被指出有缺陷之前主动地进行的修改，所以称为主动修改。

关于②：驳回理由通知的指定期间，原则上日本国内居住者是 60 天，在外者①是 3 个月。可以通过请求进行延长（国内居住者 2 个月，在外者 3 个月）。

关于③：拒绝查定誊本送达后，即使在可以请求拒绝查定不服审判的期限内（121 条 1 款：自拒绝查定誊本的送达日起 3 个月内），若**不与拒绝查定不服审判同时修改，也是不允许的**，需要注意这一点。

3. 修改的实体上的要件

作为修改的实体上的要件，有新事项的追加的禁止（17 条之 2 第 3 款）、移位修改的禁止（17 条之 2 第 4 款）、最后的驳回理由通知后的目的外的修改的禁止（17 条之 2 第 5 款）、独立特许要件②（17 条之 2 第 6 款）。

其中，**实践中，以新事项的追加的禁止最为重要**，因此，在本书中只对该要件进行说明。

---

① "在外者"是法律术语，指在日本国内没有住所或居所的人。
② "独立特许要件"来自原文，指修改后的权利要求所涉及的发明应该在专利申请时能够独立获得授权。

§4–2 新事项的追加的禁止
（17条之2第3款）

重要度 ★★★

1. 禁止追加新事项的基本思路

> ■ 修改必须在专利请求书最初所附的说明书、权利要求书、附图（最初说明书等）的范围内
> 判断是否导入了新的技术事项
> ■ 具体判断方法
> 以下事项不属于新事项的追加
> • 在最初说明书等中有**明确的记载**的事项
> • 从最初说明书等记载的事项（同时考虑技术常识）来看是显而易见的事项

将专利申请书最初所附的说明书、权利要求书、附图[①]简称为**最初说明书等**。

所谓新事项的追加，是指进行了最初说明书等的记载事项范围外的修改，这种修改是不被允许的（这种修改被作为驳回理由）。是否属新事项的追加的综合判断基准为"**是否导入了新的技术事项**"。该基准由知产高院的大合议判决（阻焊剂事件）创建，并被导入审查基准之中。

下面分几种情况来看。

[①] "专利申请书最初所附的说明书、权利要求书、附图"的记载事项的范围，及其简称"最初说明书等的记载事项范围"相当于中国《专利法》第33条中的"原说明书和权利要求记载的范围"。

2. 将发明的技术特征上位概念化、删除或变更的修改情形

① × 通过上位概念化、删除或变更，导入新的技术事项的情形（参照下图）

② ○ 在删除发明的一部分技术特征的情况下，很明显通过该修改并没有追加新的技术上的内容的情况

例如：删除事项与通过发明解决的课题没有关系，是**任意的附加事项**，这一点从最初说明书等的记载来看是很明显的情况

■ 权利要求扩张导致的新事项追加的例子

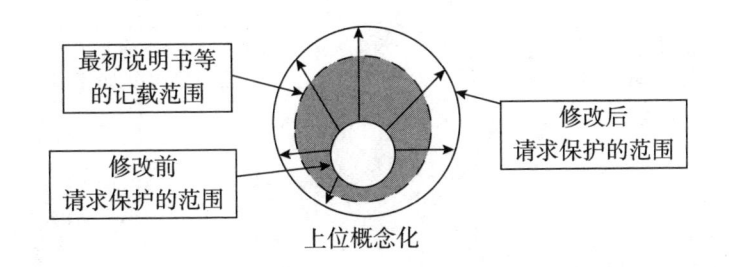

最初说明书等的记载范围
修改前请求保护的范围
修改后请求保护的范围
上位概念化

若将权利要求中的发明的技术特征上位概念化、删除或变更，权利要求的范围将会变宽（p. 19），因此，存在有可能被判断为新事项追加的风险。

如①的情形，被判断为导入了最初说明书等中没有的新的技术事项的情况属于新事项的追加。另外，如②的情形，删除任意的附加事项等，没有导入新的技术事项的修改这种情况就没有问题。

3. 将发明技术特征下位概念化或附加发明技术特征的修改情形

① ○ 限定发明技术特征，下位概念化到明确的记载或显而易见的事项的情形

② ○ 即使不是下位概念化到明确的记载或显而易见的事项的情形，明显不会因为该修改追加了技术上的内容的情形

③ × 即使将发明技术特征进行下位概念化的修改，但因该修改**最初说明书等中记载的事项以外的事项被个性化了**的情形（参照下图）

■ 即使是权利要求的减缩也会是新事项的追加的例子

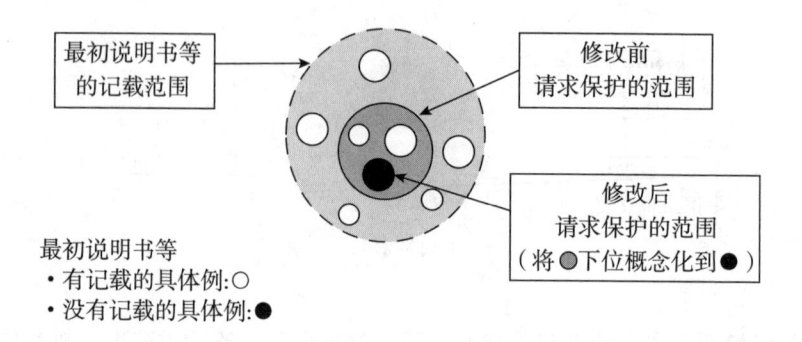

最初说明书等
·有记载的具体例:○
·没有记载的具体例:●

将权利要求的发明的技术特征下位概念化或附加发明技术特征，权利要求的范围会变小（p.19），所以被判断为新事项的追加的风险就小。

① 当然没有问题。

② 的典型例是将最初的权利要求下位概念化，但相对于说明书中记载的具体例是进行了上位概念化的修改（中位概念化）。

关于③，即使是下位概念化或是删除，**将最初说明书等记载的事项以外的事项进行个性化是不被允许的**。例如，当初权利要求中记载了"金属"（上图的●），说明书中只举了"铁""钴"（上图●中的○）的例子时，修改成说明书中完全没有记载的"铜"（上图的●）是不被允许的。因为其属于导入了新的技术事项的情形。

§4-3　分案申请
（44条）

重要度　★★★

1. 分案申请的概要

■ 将包含了二个以上发明的专利申请的一部分作为新的专利申请的制度
　对于不符合发明的单一性要件的发明等也尽可能地开放保护之路
　分案的要件中包括时间上的要件和实体上的要件
　合法的分案申请视为原专利申请时提交的申请（**追溯效力**）
　申请时本身得到追溯这一点与优先权不同

■ 违反单一性的发明通过分案获得授权

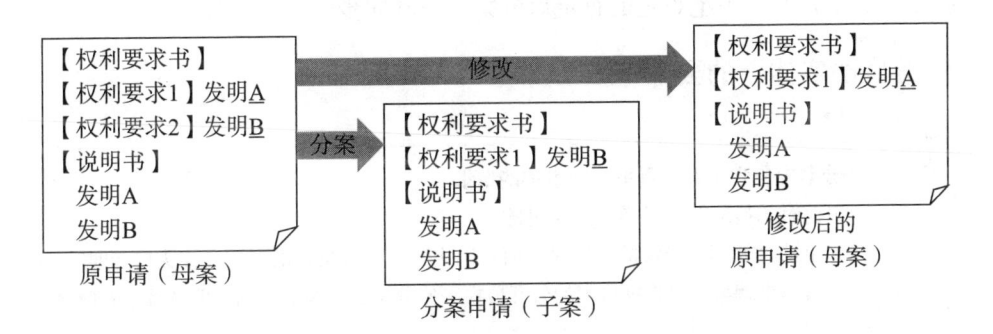

【权利要求书】　　　　　　　　　　　　　　　　　　　【权利要求书】
【权利要求1】发明A　　　　　　修改　　　　　　　　【权利要求1】发明A
【权利要求2】发明B　　　　　　　　　　　　　　　　【说明书】
【说明书】　　　　分案　　【权利要求书】　　　　　　　发明A
　发明A　　　　　　　　　【权利要求1】发明B　　　　　发明B
　发明B　　　　　　　　　【说明书】
　　　　　　　　　　　　　　发明A　　　　　　　　　　修改后的
原申请（母案）　　　　　　　发明B　　　　　　　　　　原申请（母案）

　　　　　　　　　　　　分案申请（子案）

若进行分案，可以在维持原专利申请申请时的情况下提交新的申请（分案申请）（追溯效力）。不仅可以在消除如上图所示的违反单一性的情况，也可以在原申请致力于用较为狭窄的权利要求切实地实现授权，而提交的分案则致力于取得范围更宽的权利要求的情况下等各种场合得以利用。

37

2. 分案的时间上的要件

① 可以对说明书、权利要求书、附图进行修改的时机

可以进行主动修改的时期（最初驳回理由的通知之前。直接授权的情形下是授权通知誊本的送达前）。

在驳回通知中指定的期间。

在拒绝查定不服审判的请求时。

② 查定后的分案

自授权通知誊本送达起 30 日内。

自拒绝查定誊本送达起 3 个月内。

对可以分案的时期，过去只有在如①所示的原来的申请（也称为原申请或母案）可以修改的时机才能提交分案。

但是，因有人希望在授权通知后作为别的申请用别的权利要求去争取获得授权，或鉴于曾经有过其并不是对拒绝查定不服而只是为了获得分案的机会而请求拒绝查定不服审判的情况等，导入了②的查定后的分案。

在查定后的分案刚刚导入时，可以分案的时机，不论是授权通知还是拒绝查定都只限于自誊本送达起 30 日内。但在拒绝查定不服审判的可以请求的期间改为 3 个月时，拒绝查定的查定后分案也与其同步改成 3 个月。

3. 分案的实体上的要件

> ■ **分案中包含了对于母案的新事项的情形**
> 申请时的追溯效力是得不到认可的
> - 申请时就不是母案的申请时，而是以实际提交分案时的时间点作为申请时
> - 其结果就会产生根据母案的公开公报等使分案的新颖性和创造性被否定的情况

要使提交的分案的追溯效力得到认可，当然就必须不能包含相对于母案的新事项。

然而，**即使包含了新事项也只是追溯效力得不到认可而已，分案申请的申请日成为实际提交分案申请之日**。即，在该申请日，若能够符合新颖性和创造性等要件的话也还是有可能获得授权的。

> 分案申请具有追溯效力这一点与修改相似，因此，不论是时间上的要件还是实体上的要件，都与修改有着很多的惊人的共同部分。

§5–1 新颖性
（29条1款各项）

重要度 ★★★★

1. 丧失新颖性的事由

■ 若发明属于29条1款各项之一的情形，就没有新颖性
①（公知）专利申请前在日本国内或者在国外公然知晓的发明（29条1款1项）
- 其指发明的内容脱离了秘密状态，与知晓此事的人的多少无关。发明若被特定的人知晓且<u>该人没有保密义务，即为公然知晓的发明</u>。

②（公用）专利申请前在日本国内或者在国外公然实施的发明（29条1款2项）
- 其为发明的内容在公然知晓的情况下或者在有公然知晓之虞的情况下实施之意。

③（刊物公知）专利申请前在日本国内或者在国外**发行的刊物**中记载的发明，或者通过**电信线路**成为公众能够利用的发明（29条1款3项）

在专利法29条1款中，规定了1项（公知）、2项（公用）、3项（刊物公知）三种类型。但是在现实中，针对1项和2项进行举证很不容易，所以**实践中使用的绝大多数是29条1款3项**。

另外，29条1款3项中也包含了**通过电信线路成为公众能够利用的发明**。发明被发布在因特网的网页等从而成为公众能够利用的发明就是典型的例子，网页等被引用的情况也在增加。

§5-2 创造性
（29条2款）

重要度 ★★★★

创造性要件（29条2款）虽然只是本领域技术人员基于29条1款各项的发明能够容易实现的发明不能被授予专利权这样简单的规定，**但在审查实践中是最为重要的驳回理由**，即便授权后在无效审判[①]等程序中关于该要件也有很多争议之处。创造性的判断，正是由于其中包含了是否"容易"的规范性的评价，因此会很难，这也是它的一个特点。

创造性的判断以如下"**本领域技术人员**"为基准进行认定。

■ **该发明所属的技术领域中有通常知识的人（本领域技术人员）**
具体而言是具备如下条件的虚设的人物

- 具备**申请时**权利要求所涉及的发明所属的技术领域中的**技术常识**

  所谓"技术常识"，是指对于本领域技术人员来说是通常知晓的技术（包括周知技术和惯用技术），或者从经验法则来看是显而易见的事项

- 能够运用研发（包括文献分析、实验、分析、制造等）中的**通常的技术手段**

- 能够发挥如进行材料选择、设计变更等的**通常的创作能力**

- 能够将**申请时**权利要求中的发明所属的技术领域中的**技术水平**的所有一切都作为自己的知识，并能够将与发明要解决的课题相关的技术领域中的技术都作为自己的知识

  所谓"技术水平"，除了现有技术之外，还可以由如技术常识的其他技术知识（技术见解等）构成

  本领域技术人员，有时候与其将其作为个人，还不如将其作为来自多个技术领域的"**由专家组成的小组**"来看更为确切。

[①] "无效审判"来自原文，相当于中国的"无效宣告"。

§5-3 新颖性、创造性的判断流程

重要度 ★★★★★

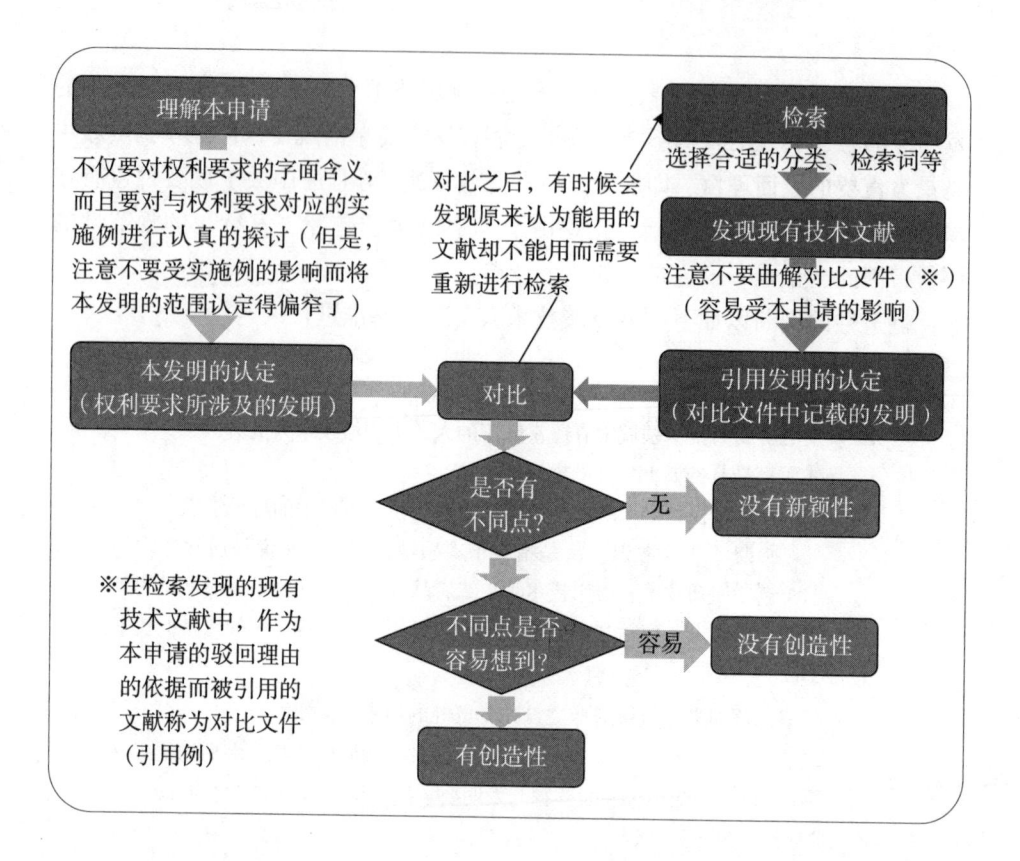

理解本申请
不仅要对权利要求的字面含义，而且要对与权利要求对应的实施例进行认真的探讨（但是，注意不要受实施例的影响而将本发明的范围认定得偏窄了）

检索
选择合适的分类、检索词等

↓

发现现有技术文献
注意不要曲解对比文件（※）
（容易受本申请的影响）

对比之后，有时候会发现原来认为能用的文献却不能用而需要重新进行检索

本发明的认定
（权利要求所涉及的发明）

→ **对比** ← **引用发明的认定**（对比文件中记载的发明）

↓

是否有不同点？ —无→ **没有新颖性**

↓ 有

不同点是否容易想到？ —容易→ **没有创造性**

↓ 不容易

有创造性

※在检索发现的现有技术文献中，作为本申请的驳回理由的依据而被引用的文献称为对比文件（引用例）

在理解了本发明后进行现有技术的检索。创造性的判断按照本申请权利要求所涉及的发明（本发明）的认定、对比文件中记载的发明（引用发明）的认定、对比、判断这样的顺序进行。若没有区别特征则新颖性被否定，即使有区别特征，如果判断为对于本领域技术人员来说是容易想到（显而易见）的，则创造性被否定。

§5-4　本发明的认定

重要度　★★★★

- ■ 权利要求所涉及的发明的认定以权利要求的记载为准

  不要忽视权利要求的记载而只从说明书和附图的记载来认定权利要求所涉及的发明并将其作为审查对象

  在权利要求中没有记载的事项，就作为权利要求中没有记载的内容来认定权利要求所涉及的发明

  权利要求中记载的事项必须作为考虑的对象

- ■ 权利要求记载明确的情况下

  按照权利要求的记载来认定权利要求所涉及的发明

  若不明确，考虑说明书及附图的记载，以及**申请时的技术常识**，来解释权利要求中的术语

  • 若进行了考虑还是不明确，则对本发明不进行认定

本发明的认定最基本的是基于本申请的权利要求书（权利要求书整体）所包含的权利要求（各权利要求）的记载来进行认定。既不能落下权利要求所记载的事项，也不能随便追加权利要求中没有记载的事项，按照权利要求所记载的事项实事求是地认定，这是原则。

在权利要求书中，区分各权利要求，记载发明技术特征（p.106）。但"クレーム"这一词有时候指权利要求书整体，有时候则指各权利要求。在日本，说起"クレーム"①这一词，也许会有一种找茬的负面印象，然而英文的Claim是主张权利的意思，在专利领域中"クレーム"一词与英文的意思很接近。

---

① "クレーム"的日语发音与日语的"投诉"的发音是相同的。

§5-5　引用发明的认定

重要度　★★★★

1. 引用发明的认定

■ 刊物中记载的发明
本领域技术人员可以从以下事项中掌握的发明
- 刊物中所记载的事项
- **等同于记载在刊物中的事项**（参考技术常识）

■ 不能作为引用发明的情形
产品的发明：没有记载怎样才能制造出该产品
方法的发明：没有记载怎样才能使用该方法

在对刊物（对比文件）中记载的发明进行认定时，不仅可以认定刊物中明确记载的事项，还可以对参考技术常识等同于记载在刊物中的事项进行认定。但是，**随便认定为"等同于记载在刊物中"是很危险的。**

> 网页等（通过电信线路已成为公众能够利用的发明）的认定也一样。

2. 上位概念、下位概念的操作

■ 用于证明现有技术的证据（刊物等）以上位概念或者下位概念表述发明时的处理

① 在刊物等中以下位概念表述的情况

作为用于确定发明的事项，使用了"同族的或者是同类的事项，或者是某一共性"的发明已经出现在刊物等中的情况下，

→〇可以将用上位概念表述的发明作为引用发明进行认定

② 在刊物等中以上位概念表述的情况

不属于以下位概念表述的发明已公开的情况，因此，

→×不能认定以下位概念表述的发明为引用发明

※通过参照技术常识能够导出用下位概念表述的发明的情况下是可以认定的

```
   上位概念        〇通常，可以认定        下位概念
  ┌─────────┐      ←──────────         ┌─────────────┐
  │ 热塑性树脂│                          │ 聚乙烯、聚丙烯│
  └─────────┘      ──────────→         └─────────────┘
                    ×不能认定
```

现有技术文献中记载了"聚乙烯"（下位概念）的情况下，该文献中即使没有明确地记载"热塑性树脂"一词，也可以认定"该文献中记载了热塑性树脂"这一上位概念。

反之，若现有技术文献中只记载了"热塑性树脂"（上位概念），就随便认定"该文献中记载了聚乙烯"这样的下位概念的发明，那显然是不对的。

§5-6 创造性的判断结构

重要度 ★★★★★

1. 创造性的判断思路

从主引用发明出发，根据本领域技术人员能否容易地理解权利要求所涉及的发明的逻辑来进行判断。

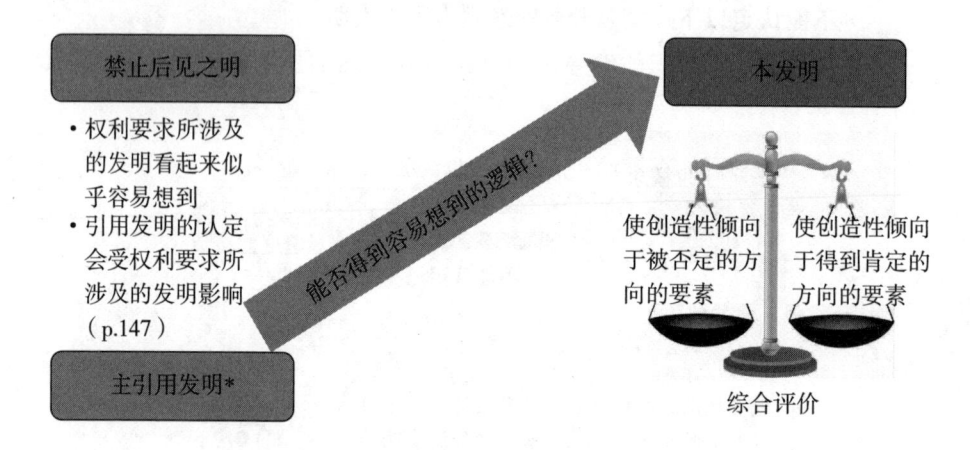

禁止后见之明
- 权利要求所涉及的发明看起来似乎容易想到
- 引用发明的认定会受权利要求所涉及的发明影响（p.147）

主引用发明*

能否得到容易想到的逻辑？

本发明

使创造性倾向于被否定的方向的要素　　使创造性倾向于得到肯定的方向的要素

综合评价

* 通常，选择与权利要求所涉及的发明在技术领域或者课题方面相同或者相近的发明，不得组合两个以上的引用发明作为主引用发明。

以最合适用于逻辑化的引用发明（主引用发明）为起点，以本发明为终点，以区别特征为途经之路时，**当本领域技术人员能够建立起在不知晓终点（本发明）的状态下，从起点（主引用发明）经由途经之路（区别特征）容易想到（摸索到）终点（本发明）的这样的逻辑结构（逻辑化）时，则没有创造性**。从创造性的内涵来看也称之为**显而易见性**（容易想到＝没有创造性）。

2. 用于逻辑化的主要因素（§5-7～§5-11）

综合评价以下各项要素
（并不是因为具备了其中之一就能立即认定其具有创造性或不具有创造性）

| 使创造性倾向于被否定的方向的要素 | 使创造性倾向于得到肯定的方向的要素 |

- 是否有动机将副引用发明应用到主引用发明中
- 来自主引用发明的设计变更等
- 现有技术的简单拼凑

- 有利效果
- 阻碍因素

例如：将副引用发明应用到主引用发明时，主引用发明将成为有悖于其目的的情况

3. 是否有动机将副引用发明应用到主引用发明中（§5-7）

■ 综合考虑以下方面，分析是否有动机将副引用发明应用到主引用发明中

- 技术领域的相关性
  必须同时考虑有可能成为动机的其他方面。但是，若对"技术领域"从课题或作用、功能的角度来把握，在进行是否有动机的判断时就不必再考虑。
  – 其背后包含了对"同一技术领域论"的反省
- 课题的共性
- 作用、功能的共性
- 引用发明内容中的启示

47

§5-7 否定创造性的要素
（是否有动机）

重要度 ★★★★★

作为否定创造性的逻辑化，在实务中用得最多的就是有动机将副引用发明应用到主引用发明中。是否有动机，要从①技术领域的相关性，②课题的共性，③作用、功能的共性，④引用发明内容中的启示这几个角度进行综合考量。

1. 技术领域的相关性

对于主引用发明，尝试应用主引用发明相关技术领域的技术手段，属于本领域技术人员一般创作能力的发挥。

【权利要求1】［附加了分段（※）记号］
　　（1a）将通讯录的发送目的地按（1b）通信频度（1c）进行排列的电话装置。
［主引用发明］
　　（1a）将通讯录的发送目的地按（1b′）用户设定的重要度（1c）进行排列的电话装置。
［副引用发明］
　　（1a）将通讯录的发送目的地按（1b）通信频度（1c′）进行排列的传真装置。
- 主引用发明的装置与副引用发明的装置，**在具有通讯录的通信装置**这一点上是相同的。
- （需要同时考虑课题或作用、功能）**简化用户向通讯的目的地的发送操作**，这一点也是相同的。

※ 权利要求的句子很长，大都会对很多内容进行说明，所以很多时候会将其分成片段（分段），例如，将其分段成如1a、1b等进行考虑。

这立足于只要是本领域技术人员，就会对包含于主引用发明相关技术领域中的技术手段的应用进行各种尝试这一经验法则的基础上。其思路是：**若副引**

用发明包含于主引用发明相关技术领域中，即使不知晓本申请的发明也会在进行各种尝试的过程中与副引用发明相遇，那就应该说存在尝试进行该应用的动机。

但是，若广泛并抽象地理解"技术领域"，就有可能会出现连成为其前提的经验法则都不起作用的领域（也就是说，是无法期待本领域技术人员进行尝试的领域）也作为"相关技术领域"的情况，从而导致错误的判断。由此，"同一技术领域说"（若主引用发明与副引用发明的技术领域相同或相关，则只要没有阻碍因素，就生搬硬套地基本上认为有动机应用）曾经受到强烈的批评。

因此事的反省，当前的审查基准中**对技术领域的相关性判断也会从其他角度（课题或作用、功能）来考量**。但是，根据对技术领域的理解的不同，也可以从课题或作用、功能的角度去理解，所以此时在判断是否有动机时，就没有必要再重新探讨有关课题或作用、功能。

> 若有技术领域的相关性，课题的共性，作用、功能的共性，引用发明内容中的启示等具体情况的时候，为什么不知道本发明，却能够说有动机从各种各样的现有技术中顺利地选择出副引用发明并将其应用于主引用发明中呢？看看§5-7的说明，好好地考虑一下。（答案在p.51）

考题

2. 课题的共性

若主引用发明与副引用发明之间的课题相同，则其可以成为判定本领域技术人员有动机将副引用发明应用到主引用发明中从而导出权利要求所涉及发明的依据。

- 对于本领域技术人员**显而易见的课题**或者本领域技术人员**容易想到的课题**相同的情形也属于有课题的共性

【权利要求1】（附加了分段记号）
　　（1a）表面形成了硬质碳膜的（1b）塑料瓶。
［主引用发明］
　　（氧化硅膜的涂层是用于提高气体阻挡性的）
　　（1a′）表面形成了氧化硅膜的（1b）塑料瓶。
［副引用发明］
　　（硬质碳膜的涂层是用于提高气体阻挡性的）
　　（1a）表面形成了硬质碳膜的（1b′）密封容器。
- 若关注膜的涂层是用于**提高气体阻挡性**这一点，则主引用发明和副引用发明之间的课题是相同的。

这立足于只要是本领域技术人员，就会为了解决主引用发明的课题，对解决相同课题的技术手段的应用进行尝试这一经验法则的基础上。其思路是：**若副引用发明与主引用发明具有相同的课题，则即使不知晓本发明，也会有动机进行为了解决主引用发明的问题而应用副引用发明的尝试。**

然而，课题的共性不仅限于公开的课题，也包括**显而易见的课题或本领域技术人员容易想到的课题**。例如，在通信领域中，通信的高速化是显而易见的课题，因此，即使主引用发明中没有表明这一课题，应用以通信的高速化作为课题的副引用发明也许可以说是有动机的。

> 课题只要在"主引用发明与副引用发明之间"是相同的即可，与本发明的课题不同也没关系。

（p.49考题的答案）本领域技术人员是会发挥一般创作能力对主引用发明进行各种各样的尝试的。而这些尝试从经验法则而言，是在有技术领域的相关性，课题的共同性，作用、功能的共性，引用发明内容中的启示等范围内进行的。因此，即使不知道本发明，在该范围内进行各种技术手段的尝试中也会找到副引用发明，可以合理地作出有动机去尝试应用的推论。

3. 作用、功能的共性

若主引用发明和副引用发明的作用、功能是相同的，则可以说本领域技术人员有动机将副引用发明应用于主引用发明，或者说这种作用、功能相同成为将它们结合起来导出权利要求所涉及的发明的依据。

【权利要求1】（附加了分段记号）
（1a）使膨胀部件膨胀并使其与清洗布接触，（1b）对毛毡滚筒进行清洗的（1c）印刷机。

[主引用发明]
（1a′）使用凸轮机构使其与清洗布接触，（1b）对毛毡滚筒进行清洗的（1c）印刷机。

[副引用发明]
（1a）使膨胀部件膨胀并使其与清洗布接触，（1b′）对凹版滚筒进行清洗的（1c）印刷机。

- 不论是主引用发明的凸轮机构，还是副引用发明的膨胀部件，若关注其都是**为了使清洗布与印刷机的滚筒接触或者离开的作用而设**这一点，则主引用发明与副引用发明的作用是相同的。

这立足于只要是本领域技术人员，就会进行作用、功能相同的各种技术手段的尝试这一经验法则的基础上。其思路是：**若副引用发明与主引用发明发挥相同的作用、功能，则即使不知晓本发明，也会有在反复试验中尝试应用副引用发明的动机。**

4. 引用发明内容中的启示

引用发明的内容中，若存在将副引用发明应用到主引用发明的相关启示，则其就会成为本领域技术人员有动机将副引用发明应用到主引用发明或进行结合而导出权利要求所涉及的发明的强有力的依据。

【权利要求1】（附加了分段记号）
　　（1a）包括乙烯/乙酸乙烯酯共聚物，以及（1b）分散于该共聚物中的酸受体颗粒，
　　（1c）该共聚物还进一步由交联剂进行了交联的（1d）透明膜。

［主引用发明］
　　（提及乙烯/乙酸乙烯酯共聚物作为与构成太阳能电池的部件接触的部件使用）
　　（1a）包括乙烯/乙酸乙烯酯共聚物，以及（1b）分散于该共聚物中的酸受体颗粒的（1d）透明膜。

［副引用发明］
　　用于太阳能电池封装膜的、（1a）由乙烯／乙酸乙烯酯共聚物构成的透明膜，（1c）该共聚物由交联剂进行了交联的（1d）透明膜。

- 根据刊物中记载的主引用发明的上述内容，可以说主引用发明应用了作为太阳能电池的透明膜有关的技术启示。

这立足于只要是本领域技术人员，若存在技术手段应用的启示，就会进行该技术手段应用的尝试这一经验法则的基础上。其思路是：**若存在关于将副引用发明应用到主引用发明的启示，则即使不知晓本发明，也会有动机将副引用发明应用到主引用发明中。**

§5-8 否定创造性的要素
（设计变更等）

依据以下任意一项，从主引用发明出发，本领域技术人员能够得到对应于其区别特征的技术特征，则该项成为倾向于否定创造性的要素。
- 从用于解决一定问题的公知材料中进行**最佳材料的选择**
- 对用于解决一定问题的**数值范围进行最佳化或者优化**
- 用于解决一定问题的**等同物的置换**
- 伴随用于解决一定问题的技术的具体应用，**设计变更或者惯常设计的采用**

属于设计变更等的例子如下：

① **最佳材料的选择**

对于球技用球中的皮与球的黏结剂，**用周知的水反应型的黏结剂代替加压黏着的黏着剂**。

② **数值范围的最佳化或者优化**

对于硬化前的混凝土，**降低导致流动性变差的 75μm 以下的粒子含量，为 1.5 质量% 以下**。

③ **等同物的置换**

采用周知的无刷直流电机代替有刷直流电机，作为以湿度检测手段为特征的浴室干燥装置的驱动手段。

④ **设计变更或者惯常设计**

将便携电话机的输出端子与外部的显示装置即数字电视机连接，在该数字电视显示图像时，**生成并输出适合其画面大小、图像清晰度的数字电视用图像信号（数字显示信号）**。

§5-9 否定创造性的要素
（现有技术的简单拼凑）

重要度 ★★★

在发明属于各特征简单拼凑的情况下，该发明将会被判断为属于本领域技术人员的一般创作能力发挥范围内的发明（所谓拼凑，是指**各技术特征分别是公知的，相互之间没有功能或者作用上的关联**的情形）。

例如：在具有公知的升降单元的外墙清洗吊篮装置上，分别附加公知的防风用遮盖部件、公知的工具收藏单元。

> 倾向于否定创造性的要素就介绍到此。从下一页开始，我们来看一下倾肯定创造性的要素。

§5-10　肯定创造性的要素
（有利效果）

重要度　★★★★

■ 相对于引用发明的有利效果，例如，下列情况明显超出了从申请时的技术水平能够预料的范围，其将成为倾向于肯定创造性的强有力的情形
- 权利要求所涉及的发明与引用发明具有实质性的不同效果，该效果是本领域技术人员从申请时的技术水平无法预料的情形
- 权利要求所涉及的发明与引用发明的效果性质相同，但有突出的优异效果，该效果是本领域技术人员从申请时的技术水平无法预料的情形

■ 反之，即使产生了有利效果，但属于本领域技术人员容易想到的权利要求所涉及的发明这一点能够充分得到逻辑化的情况下，权利要求的创造性将会被否定

即使在考虑了否定创造性的要素后，从表面上看创造性会被否定的情况下，考虑到有利效果（本领域技术人员无法预料的显著效果）的情形，或者阻碍因素，也会有创造性得到肯定的情形。因此，申请人、代理人即使收到驳回理由通知，也请不要忘记探讨一下是否可以主张这些情形。

§5-11 肯定创造性的要素
（阻碍因素）

重要度 ★★★★

■ 下列将副引用发明应用到主引用发明存在障碍的情形，可以作为妨碍逻辑化的要因（阻碍要因），成为倾向于肯定创造性的要素。

① **有悖于主引用发明目的**的副引用发明

例如：在主引用发明的目的是**避免使用**有关混合气体和液体的**昂贵装置（气液接触装置）**的情况下，在主引用发明中采用气液接触装置即副引用发明的手法。

② 导致主引用发明**发挥不了作用**的副引用发明

例如：对于主引用发明的叶片泵的密封，若使用副引用发明的垫片就会**产生间隙，导致叶片泵无法发挥作用**。

③ 主引用发明**排斥其应用**，被认为是不可能被采用的副引用发明

例如：主引用发明为了解决现有技术的问题（螺合，外螺纹的形成会提高成本等）采用了防松动固定的方法，**其主动排斥了通过螺丝结合的螺合的方法**，却要应用副引用发明的通过螺丝的结合进行螺合这一技术。

④ 在展示副引用发明的刊物中记载或者登载了副引用发明和其他实施例，有关主引用发明要解决的问题，副引用发明的**作用效果劣于其他实施例的例子**，本领域技术人员通常不会考虑应用它的副引用发明

例如：在副引用发明中，非接触式加热装置以温度 a 运行的方式是**容易产生染斑的方式**，而**以减少染斑为目的**的主引用发明中非接触式加热装置却是以温度 a 运行的。

§5-12　审查手册附属书 A
创造性案例①

重要度　★★★★

我们来看一下创造性判断手法（§5-6～§5-10）的具体例子。

1. 本发明

① 本申请（椎间盘植入体）

【权利要求1】
　　一种椎间盘植入体，其特征在于：
　　（1a）该椎间盘植入体
　　（1b）由能够被 X 射线穿透的高分子材料制成；
　　（1c）具备上表面和下表面；
　　（1d）具有用于接纳人工骨片的，贯通上表面和下表面，并向该上表面或者下表面呈锥形扩展的孔。

② 发明的详细说明的概要
【背景技术】
　　椎间盘罹患或者损伤的情况下，会进行去除罹患或者损伤的椎间盘，在去除后的空间插入椎间盘植入体这样的手术。
　　已知有由钛或者钛合金等适合生物体的金属性材料构成的，具有用于接纳人工骨片的孔，通过用人工骨片置换骨组织构成，以促进邻接椎骨之间融合的椎间盘植入体。

【发明要解决的课题】
　　现有的椎间盘植入体，由于没有固定在椎间盘植入体的孔，因此在插入步骤中，**有时会发生人工骨片从椎间盘植入体脱落的情况。**
　　还有，在椎间盘植入体是金属性材料的情况下，就算可进行术后观察，**要观察椎骨的融合程度也是很困难的。**

【用于解决课题的手段】

在本发明中,将用于接纳人工骨片的孔形成向椎间盘植入体的**上表面或者下表面呈锥度扩展的形状**,以使椎间盘植入体与人工骨片通过压嵌而固定。由此,就能够防止人工骨片从椎间盘植入体脱落。

还有,本发明中,椎间盘植入体由**能够被 X 射线穿透的高分子材料**制成。由此,在手术后用 X 射线拍摄患部时,也能够观察到进入椎间盘植入体的孔中的骨组织的情况。

2. 引用发明

① 引用发明

> 一种椎间盘植入体,
> (1a)该椎间盘植入体
> (1b′)由高分子材料制成;
> (1c)具备上表面和下表面;
> (1d′)具有用于接纳人工骨片的,贯通上表面和下表面的,用于固定人工骨片的孔。

另外,对比文件中还有这样的记载,即**也可以将椎间盘植入体与人工骨片通过压嵌进行固定**。

② 周知技术 1

为了能够观察到手术后的椎骨与椎骨之间的融合,椎间盘植入体由**能够被 X 射线穿透的高分子材料**制成。

③ 周知技术 2

对于骨头的植入体或者人工关节,通过互补性的**锥形**、锥体或者圆锥等形状,实现部件与部件之间**通过压嵌进行固定**。

3. 创造性的判断

① 结论

没有创造性。

② 相同特征、区别特征

将权利要求 1 的发明与引用发明进行对比,两者在"(1a)该椎间盘植入体;(1b′)由高分子材料制成;(1c)具备上表面和下表面;(1d′)具有用于接纳人工骨片的,贯通上表面和下表面的,用于固定人工骨片的孔"上是相同的,并有如下区别特征:

(区别特征 1)

关于高分子材料,前者是"能够被 X 射线穿透的",而后者没有明确该特征。

(区别特征 2)

关于孔,前者是"向该上表面或者下表面呈锥形扩展的",而后者则是"用于固定人工骨片的"。

③ 是否有动机

讨论上述区别特征 1,为了能够观察到手术后的骨头的融合,椎间盘植入体用能够被 X 射线穿透的高分子材料制作,这是周知技术,因为**引用发明是关于椎间盘植入体的发明**,所以本发明的区别特征 1 所涉及的特征是本领域技术人员容易想到的。

(引用发明和周知技术 1 属于进行骨头融合的椎间盘植入体的相同技术领域,所以具有**技术领域上的相关性**)

讨论上述区别特征 2,对于骨头的植入体或者人工关节,通过互补性的锥形、锥体或者圆锥等形状,实现部件与部件之间**通过压嵌进行固定**,这是周知技术,对比文件中记载了**也可以将椎间盘植入体与人工骨片通过压嵌进行固定的内容**,因此,本发明的区别特征 2 所涉及的技术是本领域技术人员容易想到的。

(**引用发明的内容中存在**关于周知技术 2 的应用的**启示**)

> 区别特征1是将"进行骨头融合的椎间盘植入体"这一点作为有技术领域的相关性来处理了,但在"进行骨头融合"这一点上,实际还综合考虑了作用、功能的方面。

> 在有动机将副引用发明应用到主引用发明的情况下,若没有肯定创造性的要素(有利效果、阻碍因素)存在,则通常创造性是会被直接否定的。

§5-13 审查手册附属书A
创造性案例②

重要度 ★★★★

1. 本发明

① 本申请（铜的表面处理剂）

【权利要求1】
一种铜的表面处理剂，其为含有（1a）咪唑化合物、（1b）乙二胺四乙酸和（1c）铁离子的水溶液构成的（1d）铜的表面处理剂。

② 发明的详细说明的概要

【背景技术】
本发明涉及在铜布线的一部分具有金或者焊料等异种金属的印刷电路板上形成用于保护铜布线表面的化学转化膜的表面处理剂。

【发明要解决的课题】
以往，已知通过含有咪唑化合物以及作为络合剂的乙二胺四乙酸的表面处理剂，仅在铜的表面选择性地形成化学转化膜的方法。但该方法的化学转化膜成膜性能差，**存在表面处理时间长的课题**。

【用于解决课题的手段】
本发明提供一种表面处理剂，该表面处理剂通过**将铁离子作为必需成分使其包含于**含有咪唑化合物以及乙二胺四乙酸的表面处理剂，只在铜表面选择性地形成化学转化膜，并且化学转化膜的成膜性能良好，表面处理时间短。

【发明的效果】
本发明的表面处理剂达到了这样一种效果：维持只在铜表面形成化学转化膜的选择性的同时，化学转化膜的成膜性能良好，并且表面处理时间短。

2. 引用发明

① 引用发明1

【权利要求1】
　　一种铜表面处理剂，其为含有（1a）咪唑化合物，以及（1b）乙二胺四乙酸的水溶液构成的（1d）铜表面处理剂。
（发明的概要）
　　用含有咪唑化合物的水溶液构成的表面处理剂对印刷电路板上的铜布线进行表面处理时，存在因铜的溶出导致处理剂中的铜离子浓度上升，不仅铜布线的表面而且在金或者焊料等异种金属的表面也析出化学转化膜的课题。
　　在本发明中，通过用添加了乙二胺四乙酸的表面处理剂对印刷电路板进行处理，乙二胺四乙酸捕捉了溶出到表面处理剂中的铜离子形成络合物，能够抑制铜浓度的上升，实现了只在铜布线的表面选择性地形成化学转化膜。

② 引用发明2

【权利要求1】
　　一种铜表面处理剂，其为含有（1a）咪唑化合物，以及（1c）**铁离子**的水溶液构成的（1d）铜表面处理剂。
（发明的概要）
　　用含有咪唑化合物的水溶液**添加了铁离子**的表面处理剂，对印刷电路板上的铜布线进行表面处理时，水溶液中铁离子的存在**提高了化学转化膜的耐热性**。

③ 补充说明

　　乙二胺四乙酸是捕捉铜、铁等各种金属离子从而形成络合物的络合剂，这是技术常识。
　　另外，在印刷电路板上的铜布线的表面处理技术领域中，**提高转化膜的耐热性是一般的课题**。

3. 创造性的判断

① 结论

有创造性。

② 相同特征、区别特征（对比）

将本发明与引用发明 1 进行对比时，只要对引用发明 1 的表面处理剂进一步添加铁离子就成为本发明。

③ 是否有动机

从如下情形来看，对引用发明 1 的表面处理剂进一步添加铁离子是**有动机**的。

（1）**技术领域的相关性**

引用发明 1 和 2 属于印刷电路板上铜布线的表面处理剂这一相同的技术领域。

（2）**课题的共性**

在印刷电路板上铜布线的表面处理剂的技术领域中，提高转化膜的耐热性可以说是**一般的课题**。因此，引用发明 1 和 2 在提高转化膜的耐热性这一点上，课题是相同的。

> 从目前的情况来看，似乎没有创造性，那为什么结论是有创造性的？

④ 阻碍因素

考虑到乙二胺四乙酸与铜、铁等各种金属离子形成络合物这一技术常识，当引用发明 1 的表面处理剂中添加了铁离子时，可以认为本领域技术人员会认识到：以与铜离子形成络合物为目的而添加的**乙二胺四乙酸与铁离子之间形成了络合物，这样只在铜表面形成化学转化膜的乙二胺四乙酸的这一功能就得不到充分的发挥**。另外，可以认为本领域技术人员会认识到：一旦铁离子与乙二胺四乙酸之间形成络合物，**以提高转化膜的耐热性为目的而添加的铁离子的功能就得不到充分的发挥**。因此，对引用发明 1 的表面处理剂添加铁离子是存在阻碍因素的。

⑤ **有利的效果**

对含有咪唑化合物以及乙二胺四乙酸的水溶液构成的铜的表面处理剂添加铁离子，维持只在铜表面形成化学转化膜这样的选择性的同时，化学转化膜的成膜性能良好，并且表面处理时间短**这一效果，从引用发明 1 和 2 是无法预料的**，并且是有利的效果。

> 这个案例是在确认了有动机的同时，考虑了阻碍因素或者有利效果后判断为有创造性的，是一个很有意思的案例。

§5-14　审查手册附属书 A
创造性案例③

重要度　★★★★

1. 本发明

① 本申请（使用了便携式通信终端的入场受理系统）

【权利要求1】
　　（1a）一种使用了便携式通信终端的入场受理系统，其特征在于，具备：
　　（1b）用于对入场者的便携式通信终端发行基于入场者的固有认证码而生成的二维码的**认证装置**，以及（1c）根据该二维码进行认证的**入场受理装置**，
　　（1d）所述**认证装置**，具备：
　　接收来自入场者的便携式通信终端的包含发送人号码的二维码请求信号，基于接收的发送人号码检索入场事先登记人数据库，判定所述入场者是否在入场事先登记人数据已登记的**判定部**；
　　（1e）若在入场事先登记人数据已登记，基于入场者固有的认证码生成二维码，将所述二维码发送到所述入场者的便携式通信终端的**二维码发送部**；
　　（1f）接收来自所述入场受理装置的认证请求信号的**认证部**，
　　（1g）所述**入场受理装置**，具备：
　　具有读取便携式通信终端显示屏显示的二维码的单元的**入场受理部**；
　　（1h）将包含从所述入场受理部读取的二维码的认证请求信号发送给所述认证装置的所述认证部的**认证请求部**；
　　（1i）所述认证装置，基于所述认证部接收的认证请求信号，对从所述入场受理部读取的二维码经解码而得到的信号与赋予所述入场者固有的认证码是否一致进行判定，
　　（1j）在与赋予所述入场者固有的认证码一致的情况下，将表示认证所述入场者的信号发送给入场受理装置的入场受理系统。

② 发明的详细说明的概要
【背景技术】
涉及在音乐会场等使用的入场受理装置。

【发明要解决的课题】

提供一种通过使用手机等便携式通信终端进行入场受理，而不需要事先交付纸质入场券的简便入场受理装置。

■ **系统整体图**

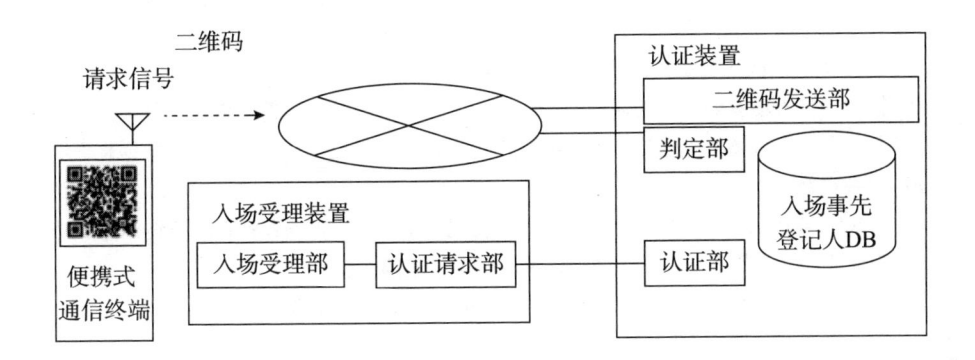

■ **本发明的处理流程**

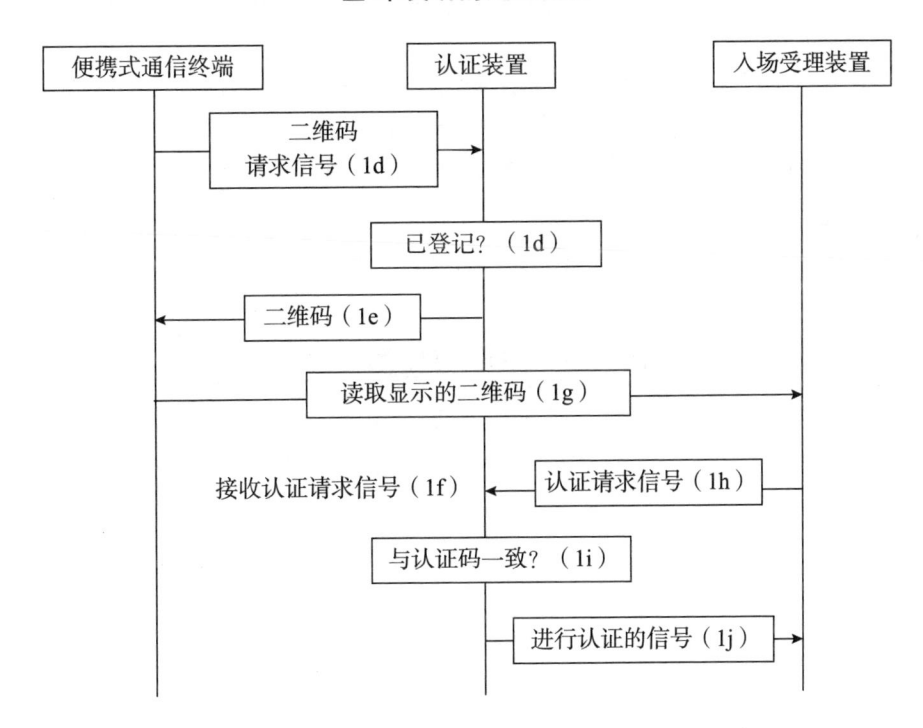

2. 引用发明

① 引用发明 1

> （1a）一种使用了便携式通信终端的入场受理系统，其特征在于，具备：
> （1b′）用于对入场者的便携式通信终端发行作为入场者的固有认证码的**密码**的**认证装置**，以及（1c′）根据该密码进行认证的**入场受理装置**，
> （1d′）所述**认证装置**，具备：
> 接收来自入场者的便携式通信终端的包含发送人号码的密码请求信号，基于接收的发送人号码检索入场事先登记人数据库，判定所述入场者在入场事先登记人数据是否已登记的**判定部**；
> （1e′）若在入场事先登记人数据库中已登记，生成所述入场者固有的**密码**，将所述密码发送到所述入场者的便携式通信终端的**密码发送部**；以及
> （1f）接收来自所述入场受理装置的认证请求信号的**认证部**，
> （1g′）所述**入场受理装置**，具备：
> 具有输入**密码**的单元的**入场受理部**，以及
> （1h′）将从包含所述入场受理部读取的密码的认证请求信号，对所述认证装置的所述认证部进行发送的**认证请求部**，
> （1i′）所述认证装置，基于所述认证部接收的认证请求信号，对从所述入场受理部输入的**密码**与赋予所述入场者的固有密码是否一致进行判定，
> （1j′）在与赋予所述入场者的固有密码一致的情况下，将表示认证所述入场者的信号发送给入场受理装置的入场受理系统。

（课题）

引用发明 1 的课题是降低事先发送纸质入场券所需的成本。

② 引用发明 2

> 使用便携式通信终端的无纸积分卡系统中，事先将基于认证码生成的二维码发送到积分卡会员的便携式通信终端，积分卡会员购买商品时，在便携式通信终端的画面中显示所述二维码，让二维码读取装置读取该画面，通过判定对该读取的二维码进行了解码的信号与认证码是否一致，对是否为积分会员进行认证的技术。

> 仔细看一下就可以知道，引用发明1与本发明的区别只是"二维码"和"密码"的不同而已。

3. 创造性的判断

① 结论

没有创造性。

② 相同特征、区别特征（对比）

将权利要求 1 所涉及的发明与引用发明 1 进行对比，发现两者除了如下区别特征之外，其他是相同的。

（区别特征）

区别特征在于：本发明中，发行了"基于认证码生成的二维码"，并且入场受理部有"读取便携式通信终端的显示屏显示的二维码的单元"，并且认证装置进行"从所述入场受理部读取的二维码经解码而得到的信号与赋予所述入场者固有的认证码是否一致"的判定，而引用发明 1 则是"作为认证码的密码"，并且入场受理部具有"输入密码的单元"，且认证装置进行"输入的密码与赋予所述入场者的固有密码是否一致"的判定。

③ **是否有动机**

（1）技术领域的相关性

引用发明 1 和引用发明 2 都属于使用了便携式通信终端的**用户认证**技术这一共同的技术领域。

（2）课题的共性

在通过使用便携式通信终端进行认证，**不需要发行认证用载体（券或者卡等）**就可以进行认证这一点上具有共同的课题。

（3）作用、功能的共性

此外，引用发明 1 的密码与引用发明 2 的二维码，在**都能实现认证**这一点上，其作用和功能是相同的。

因此，在引用发明 1 中，代替密码而采用基于认证码生成的二维码，在入场受理部采用读取二维码的单元的同时，在认证装置采用判定解码的二维码信号与认证码是否一致，通过在便携式通信终端的显示屏显示二维码，让入场受理部读取该画面，来作为所述区别特征，该特征是本领域技术人员容易想到的。

§5-15 对有特定表征的权利要求等的处理

重要度 ★★★

① 含有利用作用、功能、性质或者特性（以下简称"**功能、特性等**"）来表征产品的描述的情形（p.70）

② 含有利用产品的用途来表征该产品的描述（**用途限定**）的情形（p.71）

③ 含有利用"**其他子组合**"的相关特征来表征子组合的发明的描述的情形（p.73）

④ 含有利用制造方法来表征产品的描述的情形（**方法表征的产品**）（p.75）

⑤ 含有利用**数值限定**来表征发明的描述的情形（p.76）

⑥ **选择发明**（p.77）

①~④是进行权利要求的解释、认定时需要注意的事项，⑤和⑥是进行创造性的判断时需要注意的事项。

> 审查基准对于"对有特定表征的权利要求等的处理"，用了相当大的篇幅进行说明，但还是要注意对利用通常的表征的权利要求按照其所描述的内容进行正确地解释、认定。

§5-16　含有利用"功能、特性等"来表征产品的描述的情形

重要度 ★★★

> ■ **原则上，解释为具有该功能、特性等的所有产品**
> 　例如：具有遮热层的壁材，即"具有遮挡热的作用或者功能的层"这样的"产品"的所有壁材

　　本申请的权利要求，如"遮热层"，用"功能、特性等"而不是材料或者构造等来表征产品的情况下，**原则上将其解释为具有该功能、特性等的所有产品**。也就是说，只要发现具备该功能、特性等的任何产品，本发明的新颖性就会被否定。

　　但是，利用功能、特性等表征产品的描述的**意思内容在说明书或附图中进行了定义或者说明的情况下**，有时候就应根据该定义或说明，认定为与通常的意义内容不同的意义内容。

　　另外，**在功能、特性等是该产品固有的情况下**，该描述对确定产品发挥不了作用，所以解释为该产品自身的意义。例如，"有抗癌性的化合物X"这样的权利要求，若抗癌性是化合物X固有的性质，则解释为化合物X本身的意思。也就是说，在现有技术中，只要有"化合物X"的描述，即使没有抗癌性的描述，本发明的新颖性也会被否定。

§5-17　含有用途限定的情形

重要度　★★★

我们来考虑一下本申请的权利要求中有"**起重机用钩**"这样的用途限定的描述的情形。解释方法大致分为：①一般思路；②用途发明；③其他。所以，对其的理解会有些难度。

1. 一般思路

① 考虑说明书和附图中的描述以及技术常识，将有用途限定的产品可以**解释为特别适合该用途的产品的意义的情形**

- 解释为该产品有用途限定的意义的结构等的产品

例如：有～形状的起重机用钩

解释为具有特别适合用于起重机的大小或强度等的结构

- 只要有这样的结构，即使没有写"起重机用"也没有新颖性
- 与有同样形状的"钓鱼用钩（鱼钩）"是不同的

② **不能进行如上所述解释的情形**

- 除了用途发明的情形，不能说其有用于确定产品的意义

这是最一般的用途限定的解释手法。本申请的权利要求为"有～形状的起重机用的钩"的情形，不只是确定起重机的形状，还**解释为具有"特别适合用于起重机的大小或强度等"的结构**。反过来说，只要有这样的结构，即使没有表明"起重机用"这一用途，本发明的新颖性也会被否定。

2. 用途发明

■ 权利要求所涉及的发明，可以说是基于发现了产品的未知属性，通过该属性找到了该产品适合新的用途的发明的情形

- 从包含用途限定这一点来认定权利要求所涉及的发明

71

- **即使该产品本身是已知的，权利要求所涉及的发明作为用途发明也是具有新颖性的**

　　例如：含有特定的季铵盐的船底防污用组合物
- 发现了防止贝类吸附船底这一未知属性
- 即使作为"电镀底漆用组合物"是已知的，也具有新颖性

　　应理解为用途发明的情况下，即使产品本身在本申请的申请时是已知的，通过找到新的用途，本发明的新颖性也能得到认可。一般来说，**适用于从产品的结构或者名称难以理解该产品如何使用的技术领域**（例如：包含化学物质的组合物的用途的技术领域）。反之，如"机械、器具、物品、装置等"，对于通常该产品与用途是一体的领域是不适用用途发明思路的。

3. 其他情形

■ 关于化合物、微生物、动物或植物的用途限定

　　一般而言，只是表示该产品的有用性而已，解释为**没有用途限定**。
- 例如：杀虫用化合物 Z

解释为没有用途限定的"化合物 Z"

若是"以化合物 Z 为主要成分的杀虫剂"，则不能进行这样的认定。

　　这无论对于"①一般思路"还是"②用途发明"都是不同的解释。如本申请权利要求为"杀虫用化合物 Z""○○用香蕉""○○用鲭鱼"这样的涉及**化合物、微生物、动物或植物的用途限定，对这种发明作为没有用途限定进行解释**。也就是说，对于"杀虫用化合物 Z"，只要有记载了"化合物 Z"的文献，即使没有描述杀虫用的用途，其新颖性也会被否定。

> 与"功能、特性等"（p.70）中出现的"有抗癌性化合物 X"很相似。

§5-18　子组合发明

| 重要度 | ★★★ |

如客户端和服务器那样，将两个以上的装置组合而成的整体装置的发明称为组合发明。**将其中的一部分装置分割出来的发明称为子组合发明（以下称为"子组合"）。**

此时，需要注意"权利要求所涉及的子组合"与"其他子组合"。例如，只写了客户端的权利要求的情况下，"权利要求所涉及的子组合"是涉及客户端部分的发明，而"其他子组合"则是关于服务器部分的发明。问题是权利要求所涉及的子组合（客户端）中写入了其他子组合（服务器）。我们来看一下在进行权利要求所涉及的子组合的新颖性、创造性的判断时，**需要考虑有关其他子组合的描述的情形和不需要考虑的情形。**

① **有关"其他子组合"的特征确定了权利要求所涉及的子组合的发明的结构、功能等的情形，认定为具有该结构、功能等**（考虑其他子组合的相关描述）

- 例如：**一种客户装置**，其特征在于：将检索词发送给检索服务器，将从检索服务器直接接收到的回复信息用解码单元解码，并在显示单元显示检索结果，**所述检索服务器将所述回复信息通过加密方式A进行编码后发送。**
- 有关其他子组合（检索服务器）的特征，在权利要求所涉及的子组合（客户装置）**有进行与加密方式A对应的解码处理能力**这一点进行了功能限定。

在该例子中，权利要求的主题是"客户装置"，所以，权利要求所涉及的子组合是"客户装置"，其他子组合是"检索服务器"。

客户装置的权利要求中有"所述检索服务器将所述回复信息通过加密方式A进行编码后发送"的描述。但是，检索服务器以加密方式A进行编码后发送，从客户装置的角度来看就是在"解码单元"有将加密方式A进行解码的能力这一点进行了客户装置的结构、功能等的限定。此时，若将加密方式 A 进行解码这一点没有被记载在对比文件中，就不能否定客户装置的新颖性。

② 没有限定结构、功能等的情况下，认定为没有该结构、功能等（不考虑有关其他子组合的记载）

- 例如：一种**客户装置**，其特征在于：能够将检索词发送给检索服务器，接受返回信息后在显示单元显示检索结果，所述**检索服务器基于检索词的频度改变检索手法**。
- 检索服务器（其他子组合）基于检索频度改变检索手法，并没有对客户装置（权利要求所涉及的子组合）的结构、功能等进行任何的限定。

在该例子中，检索服务器（其他子组合）以何种检索手法进行检索处理，并没有对客户装置（权利要求所涉及的子组合）的结构、功能进行限定，也就是说，对客户装置的结构、功能等不会带来任何影响。因此，即使对比文件没有描述"检索服务器基于检索词的检索频度改变检索手法"，但只要描述了其他部分，该权利要求的新颖性也会被否定。

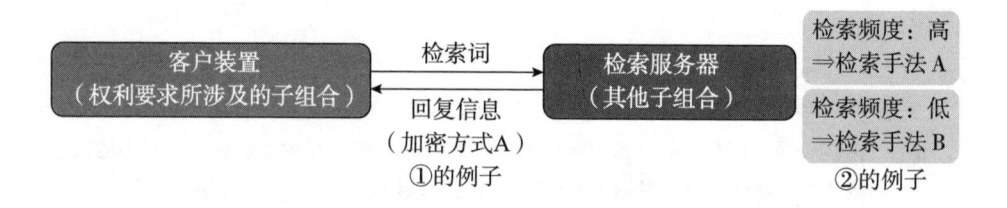

| 客户装置
（权利要求所涉及的子组合） | →检索词→
←回复信息←
（加密方式A）
①的例子 | 检索服务器
（其他子组合） | 检索频度：高
⇒检索手法 A
检索频度：低
⇒检索手法 B
②的例子 |

§5-19 利用方法表征的产品权利要求（PBP）

重要度 ★★★

① 含有利用制造方法（process）来表征的产品（product）的描述的情形解释为该描述最终得到的**产品本身**

- 例如：由**制造方法 P**（步骤 p1、p2……pn）生产的**蛋白质**，如果由公知的制造方法 Q 能够得到相同的蛋白质，本申请就没有新颖性

发明可分为三类：① 产品发明，② 纯方法发明，③ 生产方法发明（p.28）。PBP（利用方法表征的产品）具有如下特点：它是①产品（product）发明，但却是用③生产方法（工艺）来表征的产品。

PBP（利用方法表征的产品）的权利要求归根结底是产品发明，所以**只要有作为产品是相同的现有技术，即使该现有技术中的生产方法与本申请的权利要求方法不同，其新颖性也会被否定。**

§5-20 数值限定

重要度 ★★★

① 与主引用发明的区别特征只有数值限定的情形

- 通过实验对数值范围进行最佳化或者优化，可以说是本领域技术人员的一般创作能力的发挥，所以通常没有创造性。

当满足**如下所有条件**时，例外地认为有创造性。

- 有利效果

该效果在所限定的范围内得到实现，是引用发明所显示的证据中没有披露的有利效果

- 显著性

该效果与引用发明所具有的效果是不同性质的，或者是相同性质的但具有显著的优异效果（即有利效果具有显著性）

- 无法预料

该效果是本领域技术人员以申请时的技术水平无法预料的

本发明与主引用发明的区别特征只有数值限定时，通常其创造性会被否定。但是，若**本发明具有有利效果，并且该效果是显著且无法预料的情形，则创造性就能得到肯定**。该效果必须在权利要求的数值范围内的所有部分都奏效。

§5-21 选择发明

重要度 ★★★

| 【本发明】一种对温血动物的毒性极低的杀虫剂，其特征在于：所述杀虫剂包含了 O—O—二甲基—O—4—硝基—3—氯苯—硫代磷酸盐。

（结构式：$(CH_3O)_2P(=S)O-C_6H_3(Cl)(NO_2)$）

本发明为当引用发明的通式为
Z：S（硫）
R_1, R_2：CH_3（甲基）
m：1
Y：Cl（氯）、间位时的情形 | 【引用发明】作为杀虫剂用的有机磷酸酯类，具有如下通式：

$R_1O-P(=Z)-OR_2$，苯环带 Y 和 $(NO_2)_m$

取代基 Y 可以是苯核的任意位置
Z：硫或氧
R_1, R_2：烷基、芳烷基或烯丙基（R_1, R_2为相同或不同的基）
m：不大于3的整数
Y：对氢或NO_2基以外的反应非活性的其他取代基 |

东京高判昭和38年10月31日（昭和34年（行ナ）第13号）

关于选择发明我们先看一下法院的案例。在本案例中，引用发明的通式中包含了本发明。乍一看，且不说创造性，连新颖性也很可能会被否定。

然而，法院以①对比文件中没有具体披露本发明的化合物，以及②本发明中具有引用发明完全没有提及的效果（杀虫活性几乎相同，而对于温血动物的毒性却非常低）为理由肯定了它的创造性。可以说该案例是典型的选择发明。

下面，我们来确认审查基准中选择发明的定义和创造性判断的思路。

所谓选择发明，是指**基于产品的结构很难预料其效果的技术领域的发明**，并属于如下情形之一的情况。

77

● 从刊物等中的上位概念所表征的发明（a）中选择出来的、包含于该上位概念中的下位概念所表征的发明（b），**不会因为刊物等中的上位概念表征的发明（a）而导致新颖性被否定的发明**

● 从刊物等中的用选项表征的发明（a）中选择出来的、假设其选项的一部分为发明技术特征时的发明（b），**不会因为刊物等中的选项表征的发明（a）而导致新颖性被否定的发明**

在审查基准中，**选择发明具有有利效果，在该效果显著且无法预料的情况下**，与"§5-20 数值限定"同样，创造性会得到肯定。

> 新颖性和创造性的内容到此就结束了。有特定表征的权利要求等的处理（§5-15）～（§5-21）因其数量多，往往容易过度地偏重它，但对具有通常表征的权利要求，不多不少、实事求是地进行认定也是很重要的。

§5-22　丧失新颖性的例外

重要度	★★

1. 概要

① **要件**
- 自发明的公开日起 **1 年之内（新颖性宽限期）** 提交申请
- 因**权利人的行为**导致发明被公开，权利人提交了申请
- 专利申请时提交适用申请，30 天之内提交证明书（**违反意愿的公知**的情形不用提交）

属于专利法 29 条 1 款各项（p.40）的发明，因丧失了新颖性，原则上是不能被授予专利权的。然而，对于自己将发明公开的情形等也贯彻执行该原则，有时候对权利人来说会过于苛刻。因此，设立了丧失新颖性的例外的制度（30 条）。能够得到丧失新颖性的例外制度的救济期间是自公开日起 **1 年之内**（称为"**新颖性宽限期**"）。

丧失新颖性的例外，有①违反意愿的公开（30 条 1 款）和②因权利人的行为导致的公开（30 条 2 款）两种类型。

属于②的情形时，**在专利申请时提交记载了希望适用 30 条 2 款之旨意的文件**的同时，还必须**自申请日起 30 天之内提交证明书**（30 条 3 款）。属于①的情形时，违反意愿被公开之事多为权利人注意不到的情况，不需要办理 30 条 3 款的手续。

满足丧失新颖性的例外的要件情况下，公开的发明被视为没有达到专利法 29 条 1 款各项规定的情形，在进行新颖性、创造性的判断时，不会被作为引用发明。

② **效果**
该被公开的发明，在进行专利申请所涉及的发明的**新颖性**、**创造性**判断中不会被作为引用发明。

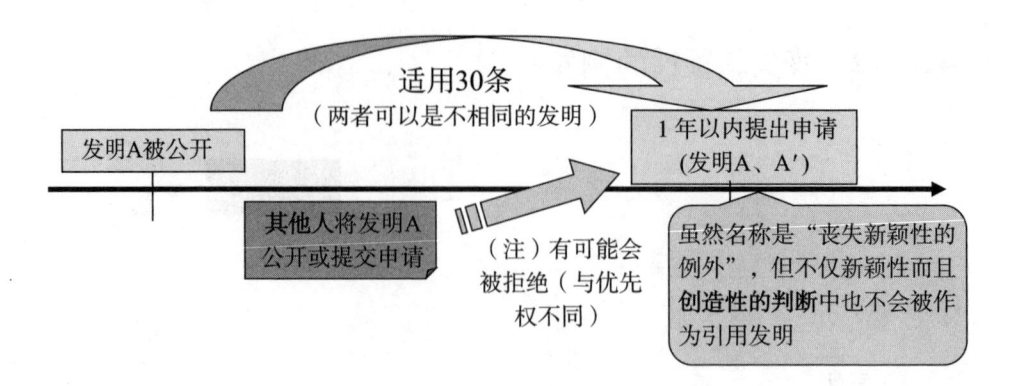

```
          适用30条
    （两者可以是不相同的发明）
发明A被公开 ─────────────────→ 1年以内提出申请
                                  （发明A、A'）
         其他人将发明A
         公开或提交申请     （注）有可能会      虽然名称是"丧失新颖性的
                          被拒绝（与优先     例外"，但不仅新颖性而且
                          权不同）          **创造性的判断**中也不会被作
                                           为引用发明
```

丧失新颖性的例外与优先权不同，它不会导致新颖性、创造性判断的基准时间提前，所以，当在自己导致的公开行为与提交申请之间，有第三人将相同的发明公开或提交申请，自己的申请就不能获得授权。

> 关于某论文的公开行为，在合法地办理了丧失新颖性的例外的适用手续的情况下，该论文本身是不会被作为对比文件的，然而，看了该论文所记载的参考文件，有时会发现对比文件。

§6–1 抵触申请
(29条之2)

重要度 ★★★★

- ① 在先申请在本申请的申请日之前提交了申请
- ② **本发明与在先申请的最初说明书等（说明书、权利要求书、附图）文件描述的发明相同**
- ③ 本申请申请后**在先申请被公布**等
  - 特许公报、公开公报、实用新型公报
- ④ 发明人不是同一人
- ⑤ 在本申请申请的时间点申请人不同
  - 发明人或者申请人有多个时，若不是**全部人员一致**就属于不相同

| 在先申请(其他申请)的提交 | → | 在后申请（本申请）的提交 | → | 在先申请(其他申请)的申请公布等 |

※ **在先申请可以是实用新型**

专利申请即使是在由申请公布等的发明内容被公开前，以后来公开为条件，具有能够排除在后申请的地位（29条之2）。

当在先申请和在后申请是相同发明的情况下，在在后申请被公开的时间点，通常在先申请已经公开，因此在后申请并没有公开任何新技术。根据**专利制度的宗旨（公开代偿）**，对这样的在后申请赋予专利权是不合适的，所以设置了29条之2的规定。在先申请的申请公布等中，**权利要求书、说明书、附图都是被公开的**，所以，**这些文件中记载的任意一个发明都具有排除在后申请的效力**。相对于只排除权利要求书中所记载的在先申请（39条），其被称为被扩大的在先地位（抵触申请①）。

29条之2不适用于发明人或者申请人相同的情况。

---

① 日文原文为"拡大先願"。

§6-2　在先申请
（39 条）

重要度　★★★★

1. 防止重复授权（双重授权）(39 条)

① 与抵触申请不同，只有在权利要求相同的情况下适用
  • 只要修改过权利要求，两者不再相同，就不会适用
② 即使申请人或者发明人相同也适用
③ 即使是同日申请的情形也适用
④ 发明专利与实用新型专利之间也适用
⑤ 申请若放弃、撤回、却下、拒绝查定（审决）确定等，则失去在先申请的地位（在后申请就不会以39条被驳回）
当29条（新颖性、创造性）或29条之2（扩大在先申请）可以适用时，则不适用39条

在先申请的规定是为了防止产生多个相同的权利，即防止双重授权，所以，只有在权利要求相同时才适用。申请人或者发明人相同的情形或同日申请的情形也同样需要防止双重授权，因此，在这种情况下也适用。

另外，由于申请的放弃、撤回、却下、拒绝查定（审决）的确定，该申请只要失去被授权的可能性就不会有双重授权的危险，所以该申请就丧失在先申请的地位（39条5款）。

> 由于39条只在权利要求相同的情况下才适用，所以只有在29条（新颖性、创造性）或者29条之2（抵触申请）无法适用时才适用39条。

§6-3 相同性的判断

重要度 ★★★

1. 抵触申请（29条之2）中的相同

将属于如下情形之一的判断为相同。

① 本发明与引用发明（在先申请）之间不存在区别特征的情形（与新颖性相同）

② 即使有区别特征，也存在**实质上相同**的情形（与新颖性的不同点）

- 区别特征是在用于解决课题的具体手段上的"微差"（**周知技术、惯用技术的附加、删除、转换等，并没有产生新的效果**）的情形

在抵触申请相同性的判断中，不仅完全没有区别特征的情况，而且**即使有区别特征，在该区别特征只不过是用于解决课题的具体手段上的"微差"的情况**，均会被判断为相同。后者的情形被称为**实质上相同**。

2. 在先申请（39条）中的相同

在先申请中，除了没有区别特征的情形外，实质上相同的情形也被判断为相同。

将区别特征属于如下情形之一的判断为实质上相同。

① 解决课题的具体手段上的"微差"（**周知技术、惯用技术等的附加、删除、转换等，并没有产生新的效果**）的情形

② 两者的差异只是在于将在先发明的技术特征，在本发明中作为上位概

> ①的情形与29条之2的情形是相同的。在39条的情况下，因为只进行权利要求的比较，所以还有②、③那样的，在29条之2中没有的情形，这些也属于实质上相同。

念进行描述的情形

③ 仅仅是主题表达上的差异（例如：在表达的方式上是"产品"还是"方法"的差异）的情形

3. 在先申请（39条）中的同日申请的处理

发明 A、B 在同一天提交申请的情况下，若如下所示双方的情形是相同的，则判断发明 A、B 是相同的。

① 假设发明 A 为在先申请，发明 B 为在后申请

② 假设发明 B 为在先申请，发明 A 为在后申请

即使①和②的任意一方是"相同"的，只要另一方不是"相同"的，则两者就是不相同的。

同日申请的情形，①假设一方的申请作为在先申请，另一方的申请作为在后申请的情形；②假设另一方的申请作为在先申请，一方的申请作为在后申请的情形；若双方不能说是相同的，则不能说两者是相同的。

例如，在一方的申请中记载了下位概念（铁）的发明 A，另一方的申请中记载了上位概念（金属）的发明 B 的情况下，当将发明 A 假设为在先申请时，可以说是相同的（p.83之2②）。然而，当将发明 B 假设为在先申请时，却不能说是相同的，因此，同日申请 A、B 不能说是相同的。

39条只适用于当29条、29条之2不能适用的情况。其中，大部分是两个申请属于分案关系的情形，适用在此说明的同日申请的处理。

■ **抵触申请与在先申请的比较**

	抵触申请（29条之2）	在先申请（39条）
宗旨	在后申请并没有公开任何新技术（有悖于公开代偿）	防止双重授权（Double patent）
发明的范围	说明书、权利要求书、附图（包括实质上相同）	仅权利要求（包括实质上相同）
发明人/申请人相同	不适用（有多个人的情形要完全一致）	适用

续表

	抵触申请（29条之2）	在先申请（39条）
同日申请	不适用	适用（双向相同的情形）
其他	要求在本申请提交后在先的申请公布等	能适用29条、29条之2的先适用这些条款。因申请放弃、撤回、却下、拒绝查定（审决）的确定丧失在先申请的地位

> 不要去死记硬背结论，而应该结合宗旨进行思考并理解为什么要这样才好。

§7-1 巴黎公约与PCT

重要度 ★★★

1. 巴黎公约的特征（三大原则）

① **国民待遇**

关于工业产权的保护，不区别对待本国的国民与其他同盟国的国民，给予**与同盟国的国民（内国民）相同的保护**或对遭遇侵权等给予相同的法律救济。

② **优先权制度**

在第一国的申请与第二国的申请之间（12个月内），即使申请人自己或第三者进行了在后申请发明的公开等丧失专利性的行为，在后申请也不会受到这些行为**造成的不利影响**。

③ **(各国)专利权独立原则**

同盟国的国民在各同盟国中申请的专利**应独立于在其他国家就相同的发明而获得授权的专利**（专利在各国家成立，在各国家消灭）。

| 在保持优先权关系的同时，专利在各国各自独立地存在 | ➡ | 同族专利 |

以实现工业产权的国际保护为目的，巴黎公约于1883年在巴黎缔结之后经历了多次修改。

这三大原则中，从专利审查的角度来看优先权制度特别重要。有关优先权将在§8-1以后进行详细的说明。

将具有优先权关系的各国申请的专利簇称为"**同族专利**"。

2. 专利合作条约（PCT：Patent Cooperation Treaty）

专利国际申请（国际申请、PCT申请）的国际申请日被视为**在各指定国（DO：Designated Office）的申请日**。

■ PCT 的制度概要

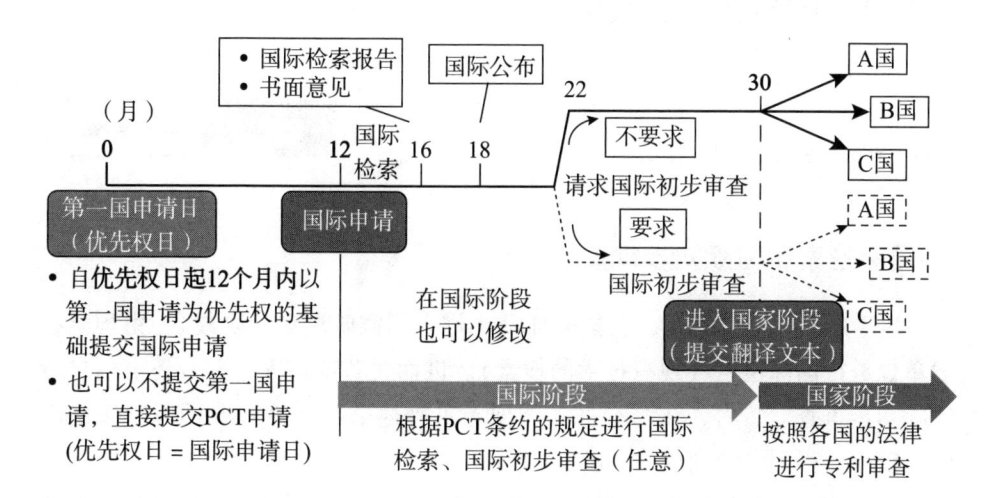

```
（月）           • 国际检索报告    国际公布    22              30        A国
 0               • 书面意见                                              B国
                              12  国际  16  18    不要求                  C国
                                  检索
  第一国申请日         国际申请                请求国际初步审查              A国
  （优先权日）                                                            B国
                                                要求                      C国
• 自优先权日起12个月内以           在国际阶段                国际初步审查
  第一国申请为优先权的基           也可以修改
  础提交国际申请                                        进入国家阶段
• 也可以不提交第一国申                                   （提交翻译文本）
  请，直接提交PCT申请                    国际阶段                    国家阶段
  (优先权日 = 国际申请日)         根据PCT条约的规定进行国际           按照各国的法律
                               检索、国际初步审查（任意）           进行专利审查
```

PCT 的一大特点就是，在"国际申请"这样的不属于某一特定国家的状态下进行申请。**一旦提交了国际申请，就可以确保在 PCT 所有缔约国的申请日**。不过，要在各国获得授权，还需要自国际申请日（国际申请中有优先权的情形为优先权日）起 30 个月内，向希望得到授权的国家（称为"指定国"）**办理进入国家阶段的手续**，并按照各国的规则获得授权。

87

§7-2 在国际阶段的手续

重要度 ★★★★

1. 国际检索和国际初步审查

PCT 的另一特点就是，在**国际阶段（进入国家阶段前的阶段），由国际检索单位进行国际检索（现有技术的检索）**。进而，若申请人希望，还可以进行国际初步审查。然后，在答辩书（类似意见陈述书的文件）或国际阶段修改的基础上，得到可专利性的判断。

在这些结果的基础上，申请人可以考虑是否办理进入各国的国家阶段以获得授权（在国外要获得授权的费用很昂贵，所以有时会根据国际检索/国际初步审查的结果后作出放弃）。

各指定国也可以参考这些结果，进行可专利性的判断。

国际检索的结果作为国际检索报告（ISR：International Search Report）在国际公布时公开。ISR 中只显示相关文件一览以及 X、Y、A 等的等级，但看了 ISR 同时制作的国际检索单位的书面意见（WO/ISA）后，就可以知道有关新颖性、创造性等的比较详细的理由。

2. 国际公布

国际申请在国际申请日（或优先权日）起 18 个月后进行国际公布。国际公布是与日本的申请公布很相似的制度，不过国际公布由 WIPO（世界知识产权组织）这一国际组织的国际局（IB：International Bureau）来进行。

国际公布的内容也与日本的申请公布同样，将说明书、权利要求书、附图和摘要公开。与日本的申请公布的不同之处在于，国际公布中包含了作为国际检索结果的国际检索报告（ISR）这一项。

■ ISR 中的文献提示例

C. 相关文件		
引用文件的类型*	引用文件，必要时指明相关段落	相关的权利要求
X	WO 2005/080598 A1（○○制药株式会社）2005,09,01，全文（无同族专利）	1~18
A	TOKUZAWA,Y,etal.Fbx15 is a novel target of Oct3/4 but is dispensable for embryonic stem cell self-renewal and mouse development, Mol Cell Biol, 2003,Vol.23,No.8,p.2699-708	1~18

列举在国际检索时发现的文件

- 文件名以 ST.14 格式（p.90）记载
- 引用文件的类型
- X：仅该文件就能够否定新颖性或者创造性
- Y：与其他文件结合起来就能够否定创造性
- A：参考文件（有时表示周知技术）

> 引用文件的类型（X、Y、A）与发明的主题（产品、纯方法、生产方法）的意思是不同的，所以需要注意。在完全没有发现否定新颖性、创造性的文件的情况下，引用文件的类型就都是A文件了。

§7-3 有关 PCT 的参考信息

重要度 ★★

1. ISR、书面意见中的文献标注方法（ST.14 格式）

WIPO ST.14
① 通过如国家代码、号码、公报类别来确定专利文献
- 例如：JP 2005-185140 A, JP3852854 B

② 国家代码（主要的国家）
- JP（日本），US（美国），EP（欧洲），CN（中国），KR（韩国），
  WO（国际公布文本）

③ 公报类别
- 对于专利申请，A 是 1 次公布，B 是 2 次公布
- 当前很多国家都已采用申请公布，大多数的情况是 A 公报为公开公报，B 公报为专利公报
  - 在申请公布制度导入之前的美国公报，其专利公报是 A 公报（1 次公布）
- 也有的国家将公报的类别进一步与数字组合
  - 例如：在国际公布文本、欧洲公报中有 A1（有检索报告），A2（无检索报告）

■ 对于一个申请赋予了若干个号码

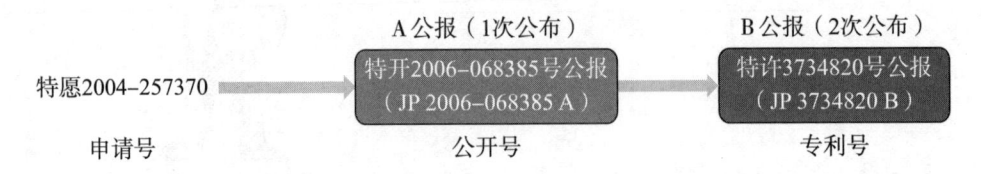

	A 公报（1 次公布）	B 公报（2 次公布）
特愿2004-257370	特开2006-068385号公报 （JP 2006-068385 A）	特许3734820号公报 （JP 3734820 B）
申请号	公开号	专利号

ST.14 格式是用国家代码、号码、公报类别表述的格式。若将特开 2006-068385 号公报（公开公报）、特许 3734820 号公报（特许公报）写成 ST.14 格式，则分别为 JP 2006-068385 A，JP 3734820 B。

> 在ISR或者书面意见中是以ST.14格式来表达文献的信息的。因此,要先搞清楚其意思。

■ 各种公报的汇总(参考)

种类	格式	发行时期	发行人	对应法条
公开特许公报 (公开公报)	特开2001-123456号 特开平11-123456号	自申请日(优先权日)起经过1年6月后	特许厅长官	64条
特许公报	特许1234567号	专利权授权登记后	特许厅长官	66条3款
国际公布文本 (国际公报)	WO2001-123456 A1 (也有A2、A3等)	自国际申请日(优先权日)起经过1年6月后	国际局(IB)	PCT 21条
公表特许公报 (公表公报)	特表2001-512345号 (进入了国家阶段的PCT翻译文本向国内进行公布)	国内书面提交期间(或翻译文本提交特例期间)后	特许厅长官	184条之9
各国的专利公报	各国专利公报发行有所不同,然而,很多国家/机构大约会在自申请日起1年6月前后发行公开公报,授权后发行专利公报			

国际公报(外语[①])与公表公报(日语)

国际公报很快就会发行,但它是外语的公报。若日语的公表公报公布能赶上本申请的申请日(或者优先权日),则公表公报有时也会被引用。

---

① 这里的"外语"是指相对于日语的外语。

§8-1　巴黎优先权

1. 巴黎优先权的概要（巴黎公约4条）　重要度 ★★★★

所谓巴黎优先权，是指基于第一国的申请在优先期间（12个月）内主张优先权进行第二国的申请时，允许**在第二国申请的新颖性、创造性、抵触申请、在先申请等的要件**，按照**与在第一国的申请日（优先权日）申请时做**同样处理的制度。

■ 主张巴黎优先权的日本申请

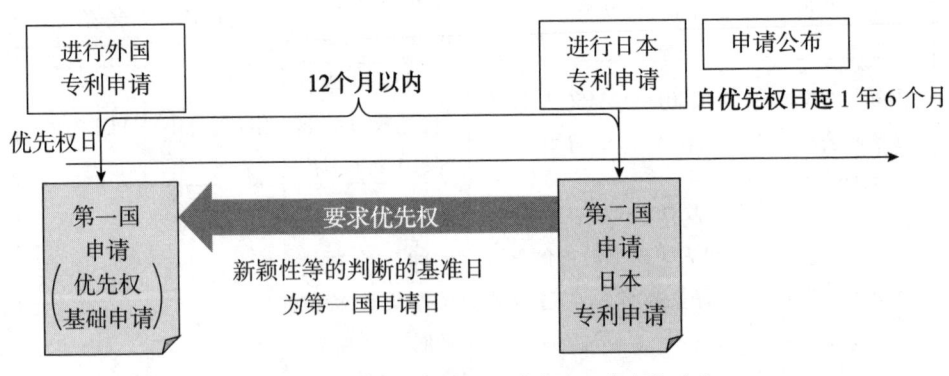

```
进行外国                       进行日本          申请公布
专利申请                       专利申请      自优先权日起1年6个月
     ┌── 12个月以内 ──┐
优先权日
  第一国           要求优先权           第二国
  申请                                  申请
  优先权      新颖性等的判断的基准日      日本
  基础申请        为第一国申请日         专利申请
```

与分案不同，它并不是对申请日本身的追溯。
例如：专利权的保护期是自进行日本专利申请起20年

要在各国获得授权，就必须用相应国家的语言按照该国的法律办理手续。但是，在进行本国的专利申请（第一国申请）后，进行其他国家专利申请（第二国申请）的准备期间，若有第三人进行专利申请、公布发表、实施等，就存在丧失可专利性，或者被第三人获得授权这样的风险。

只要在优先期间（**12个月**）内主张第一国申请的优先权进行第二国申请，这样的情况下，就不会因第三人的行为而受到不利的处置。具体而言，在第二国的新颖性、创造性、抵触申请，以及在先申请等的要件判断的基准日变成第一国的申请时。

另外，也可以防止该第三人的行为（申请、实施等）对第三人产生权利。

> 优先权制度只局限于在优先期间内不会受到因第三人的行为而带来的不利处置，不会使第三人的权利产生（巴黎公约4条B），所以是没有如分案那样的申请日追溯效力的。

2. 部分优先　　　　　　　　　　　　　重要度 ★★★

即使在日本申请中包含了第一国申请中没有包含的构成部分，**对包含于第一国申请中的构成部分**也是允许主张优先权的（部分优先）。

■ 部分优先的例子

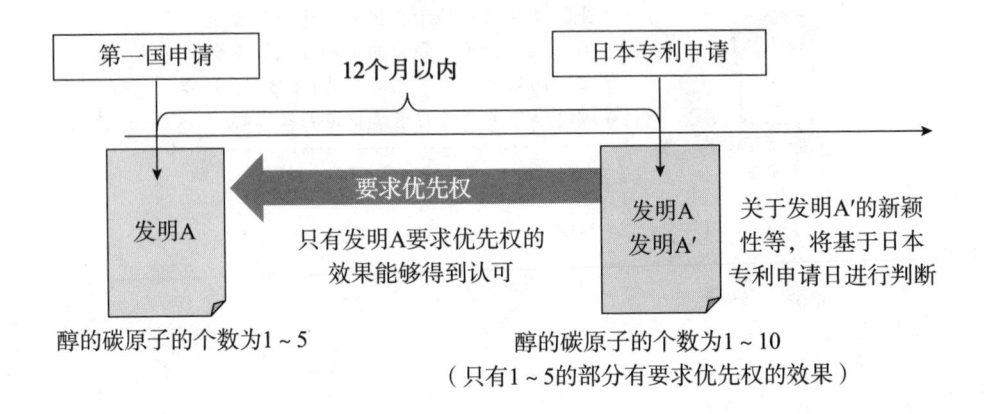

```
┌─────────┐                    ┌─────────┐
│第一国申请│   12个月以内        │日本专利申请│
└─────────┘                    └─────────┘
     │                              │
     ▼                              ▼
  ┌─────┐      要求优先权        ┌─────┐    关于发明A′的新颖
  │发明A │ ◄──────────────────  │发明A │    性等，将基于日本
  │     │   只有发明A要求优先权的  │发明A′│   专利申请日进行判断
  └─────┘   效果能够得到认可      └─────┘
  
醇的碳原子的个数为1~5        醇的碳原子的个数为1~10
                            （只有1~5的部分有要求优先权的效果）
```

日本专利申请（第二国申请）中，有时候会追加第一国申请中没有包含的构成部分。此时，**只有对第一国申请中包含的构成部分主张优先权的效果能够得到认可。**

在上图的例子中，若从第一国申请到日本专利申请这一期间有记载了发明A和发明A′的双方的文献公开，则在日本申请的审查中，对发明A主张优先权的效果得到认可，其新颖性、创造性不会被否定，然而，对发明A′主张优先权的效果是得不到认可的，所以其新颖性、创造性将会被否定。

3. 多项优先

重要度 ★★★

可以以多个第一国申请为基础主张优先权（多项优先）。

■ **多项优先的例子**

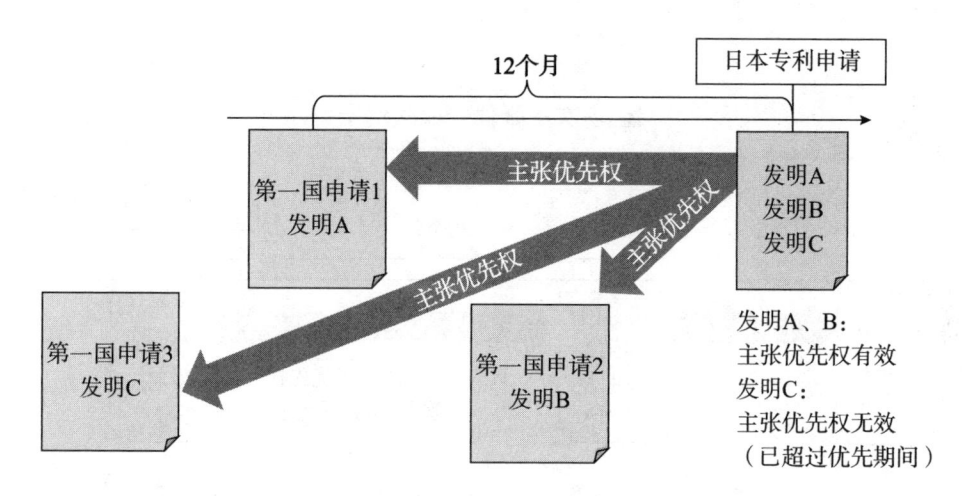

```
                    12个月                日本专利申请
    ┌─────────────────────────────────┐
    │                                 │
 第一国申请1  ←——主张优先权——  发明A
  发明A                              发明B
                                     发明C
         主张优先权      主张优先权
 第一国申请3            第一国申请2    发明A、B：
  发明C                  发明B        主张优先权有效
                                     发明C：
                                     主张优先权无效
                                    （已超过优先期间）
```

以多个第一国申请为基础主张优先权的称为多项优先。在上图的例子中，第二国申请（日本专利申请）由于没有从第一国申请3起12个月的优先期间内进行办理，因此针对发明C主张优先权的效果是得不到认可的。

> 部分优先、多项优先以及禁止多次主张优先权这样的思路在本国优先的情形也是同样的。虽然稍微复杂些，但其会对本申请的新颖性、创造性等判断的基准日带来影响，所以需要好好地领会一下。

4. 禁止多次主张优先权

重要度 ★★

只有在巴黎公约的本联盟国家的**"第一次申请"**才能作为优先权的基础。

有关记载于第一次申请的发明，即使以在后申请为基础再次（即累积性）主张优先权，其效果也是得不到认可的。这是为了防止优先期间的实质性延长。

■ **多次主张优先权的例子**

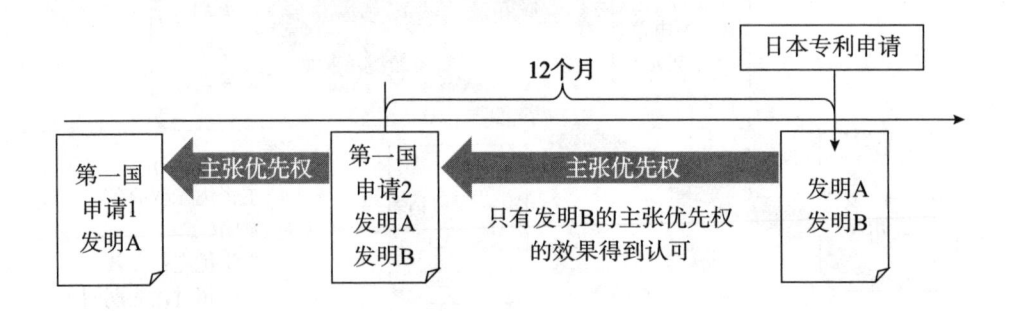

```
                                 12个月                  日本专利申请
                        ┌─────────────────────┐            ↓
  ←─主张优先权─  第一国              ←─主张优先权─   发明A
  第一国           申请2                                    发明B
  申请1            发明A              只有发明B的主张优先权
  发明A            发明B              的效果得到认可
```

关于发明 A，申请 2 并不是"第一次申请"

若在申请 1、2 双方的优先期间内提交日本申请，则申请 1、2 的多项优先是允许的（请参照 p. 95）

在上图的例子中，关于发明 A，第二国申请（日本的专利申请）以第一国申请 2 主张优先权，第一国申请 2 又以第一国申请 1 主张优先权。若认可这样的优先权的多次主张，则变成了即使实质上超过 12 个月的优先期间也可以主张优先权。

巴黎公约 4 条 C（2）和（4）中，**为了防止这种优先期间的实质性延长，将能够作为优先基础的申请限定为在巴黎公约本联盟国提交的"第一次申请"**。上图的例子中，发明 A 的第一次申请是第一国申请 1，所以，对发明 A 主张优先权时，必须是针对第一国申请 1 的优先权来主张。

因此，对发明 A 主张优先权的效果得不到认可。

> 对日本的专利申请的时机，若是从第一国申请1起12个月以内，针对第一国申请1和第一国申请2进行多项优先，则发明A、B的优先权要求的效果均是能够得到认可的。

§8-2　本国优先权
（41条）

重要度　★★★★

① 与巴黎优先权的相同点
- 优先期间是**12个月**（41条1款1项）。
- 当主张优先权的效果得到认可时，就可以以**在先提出申请的申请日为基准**进行新颖性、创造性、抵触申请、在先申请等要件的判断。
- **部分优先、多项优先、禁止多次主张优先权**的思路也是相同的。
- 自优先权日起18个月，将在后申请进行公布。

② 与巴黎优先权的不同点
- **在先申请在1年4个月后视为撤回**（排除重复审查、重复公开）。
- 当在先申请撤回、放弃、查定或者审决确定后等，则即使是在优先期间内也不能作为优先权的基础。

■ 本国优先权特有的"视为撤回"

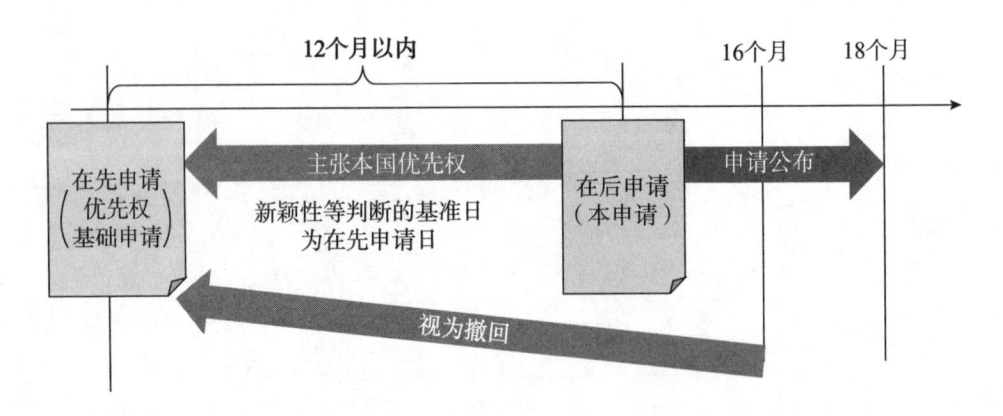

```
                12个月以内              16个月    18个月
在先申请  ←————————————————————  在后申请  ————————→
优先权          主张本国优先权       （本申请）   申请公布
基础申请   新颖性等判断的基准日
           为在先申请日
         ←————————————————————
                    视为撤回
```

本国优先权制度是**将巴黎公约的优先权思路用到国内申请中**的制度（41条）。在提交了第一次的、基本发明的申请（在先申请）后又进行了改良发明时，可以将这些基本发明和改良发明汇集在一起提交一个新的申请（在后申请）。

优先期间为 12 个月，以在先的申请日为基准来判断新颖性、创造性、抵触申请、在先申请等的要件，可以要求部分优先、多项优先、禁止多次主张优先权，自优先权日起 18 个月将在后申请进行公布，这些都与巴黎优先权是相同的。

本国优先权与巴黎优先权也有不同之处。

首先，**在先申请（优先权的基础申请）在 1 年 4 个月后将被视为撤回**（42 条 1 款）。这是为了排除在先申请（优先权基础申请）和在后申请（要求优先权申请）的重复审查、重复公开。

另外，**当在先申请发生了一定的事由（撤回、放弃、查定或者审决确定）时，即使是在优先期间内也不能作为优先权的基础**。

§8-3　外文书面申请

重要度　★

- 可以将专利请求书所附的说明书、权利要求书、附图和摘要用外文提交而进行申请的制度（36条之2）

外文：英文以及其他外文（任意的外文都可以）

专利请求书本身必须是日文的。

必须在1年4个月之内提交日语的翻译文本。

- 该期间比巴黎优先权的优先期间（12个月）还长。

因为该制度是为了消除在优先期间临近而又不得不提交专利申请的情况下，短期内不得不制作翻译文本这样的困惑而设的制度。

- 翻译文本被视为专利请求书所附的说明书、权利要求书、附图和摘要。

基于翻译文本进行审查（原文新事项除外）。

这是在巴黎优先权的优先期间临近时不得不提交专利申请，而日文的翻译又来不及等情况下利用的制度。此时，专利请求书本身是需要用日文来制作的，但专利请求书所附的**说明书、权利要求书、附图和摘要则可以直接提交外文的文本**。这种情况下，需要自优先权日（第一国申请日）起**1年4个月之内提交日语的翻译文本**，若在该期间内没有提交翻译文本则申请会被视为撤回。

§8-4　原文新事项

| 重要度 | ★ |

① **外文书面申请**

在包含了**外文书面**中没有记载的事项时产生。

② **外文专利申请（外文 PCT 申请）**

在包含了**在国际申请日提交的说明书、权利要求书、附图（外文）**中没有记载的事项时产生。

外文书面申请和外文 PCT 申请（进入了日本国家阶段的申请）都存在原文（外文）文本和翻译（日文）文本，这一点两者是相同的。

成为新事项追加（17 条之 2 第 3 款）判断基础的、被视为当初说明书等（36 条 2 款）的是翻译文本（外文书面申请：36 条之 2 第 8 款；外文 PCT 申请：184 条之 6 第 2、3 款）。因此，对于翻译文本进行了追加新事项的修改时，即为通常的新事项的追加（为了区别于原文新事项，也称为**译文新事项**）。

另外，若对于原文（外文）追加了新事项，就会产生**原文新事项**这样的另外的驳回理由（外文书面申请：49 条 6 项；外文 PCT 申请：184 条之 18）。

还有，如前所述，若对翻译文本追加了新事项，就作为（翻译文本）新事项来处理。但是，对于原文有记载而因为翻译错误导致没有包含于翻译文本的事项，若规定一律不能进行修改那就过于苛刻了，所以，**只要使用误译订正书，在不会成为外文新事项的范围内**是允许修改的。提交误译订正书需要缴纳一定的手续费。

第1章的复习（有关期限的列表）

1. 存在优先权日时，自优先权日起算的期限

	自优先权日起	备 注
优先期间 巴黎/本国优先权	1年 （12个月）	巴黎优先权、国内优先权都是1年
本国优先 基础申请视撤	1年4个月 （16个月）	为了排除重复授权、重复公开，在优先期间（1年）过后，再过一段时间就视为撤回
外文书面申请 提交翻译文本	1年4个月 （16个月）	在与优先期间（1年）相比时间足够长这一点是有意义的。另外，关于申请公布的时机，由于需要发行日文的公报，所以在到期的2个月（公报发行的准备期间）之前都可以
申请公布 国际公布	1年6个月 （18个月）	
PCT申请 进入国家阶段	2年6个月 （30个月）	与巴黎途径（12个月的优先期间）相比，在有相当长的时间这一点上是有意义的。设定了在国际公布（18个月）前进行国际检索，之后，根据需要进行国际初步审查，能够进行是否进入国家阶段的判断这样的期间

2. 其他

	期 间	备注栏
实审请求	自申请日起3年	以前是7年，但因权利长期不确定的状态等问题缩短为3年
专利权的保护期	自申请日起20年	TRIPS协议33条（专利保护期为20年以上）
丧失新颖性的例外	自公开日起1年 （自2018年6月9日开始）	宽限期因国家不同而不同（美国：1年；欧洲：6个月）
查定后的分案	自授权通知誊本送达起30天，拒绝查定誊本送达起3个月	当初，授权通知及拒绝查定都是30天。后来，随着拒绝查定不服审判能够请求的期间扩大到3个月，对于拒绝查定就扩大到3个月

第 2 章
案例探讨篇

——通过实际案例学习审查流程
——通过实际案例学习对申请人有效的修改策略

审查基准（手册）的案例中用的并不是实际的对比文件，而是引用发明认定完后，用本发明的描述进行了置换的内容（p. 127）。但是，在实际案例中需要用实际的对比文件来认定引用发明。

另外，通过看实际案例的审查过程，比看审查基准案例更能够具体地感受到审查的流程。

进而，以实际案例为题材，还可以探讨如何进行修改才能使创造性的主张更容易实现。

在本章中，我们学习如下内容。

§1 学习实际案例的审查过程（p. 104）

§2 以实际案例为题材，探讨申请人的答复策略（p. 126）

另外，在本书中，还记载有审查员经常用的加注［为了更容易理解与本发明的各技术特征（1a、1b 等的分段记号）的对应关系，对本申请或对比文件加注了必要的信息］。

> 对于审查过程中的来往文件，可以在工业产权信息·研修馆（INPIT）提供的J-PlatPat看到。可以通过选择"审查文件信息照会"，输入申请号等试试。

§1-1 本申请

1. 本申请的概要

本申请权利要求的相关部分，涉及摄录像机（Video camera recorder）在上传时能够容易地选择多张图像的 GUI（图形用户界面）。如果一开始就直接去看权利要求会觉得既抽象又难懂，所以，我们先从附图看看其概要。

■ 从哪儿开始阅读？权利要求还是说明书？

> 有的人说从权利要求开始阅读，也有的人说从说明书开始阅读，所以说不上哪一种答案是绝对正解。因为有很多权利要求既抽象又难懂，所以从说明书开始阅读会更容易读一些。
>
> 但是，先阅读说明书会存在这样的风险，即当你读完说明书后去阅读权利要求时会无意识地将权利要求的范围宽的语句限定性地解释为说明书中描述的具体例子而导致检索遗漏，或者对权利要求中不明确之处用说明书的内容去补充而导致权利要求的不明确之处被忽略。另外，先阅读说明书也会存在这样的风险，即将阅读时间花费在与权利要求没有关系的部分上。
>
> 作者的建议是：先简单地看一下说明书的开头部分（现有技术的课题等）或者附图等，然后阅读权利要求，最后才仔细地阅读说明书。这是因为通过课题或者附图会对发明有个大致的印象，这样权利要求读起来就会容易得多，并且如果只是稍微读一下说明书的开头部分，还能够降低过度地被说明书中的实施例牵扯而进行权利要求解释这样的风险。

2. 本申请的附图（仅显示与权利要求相关的部分）

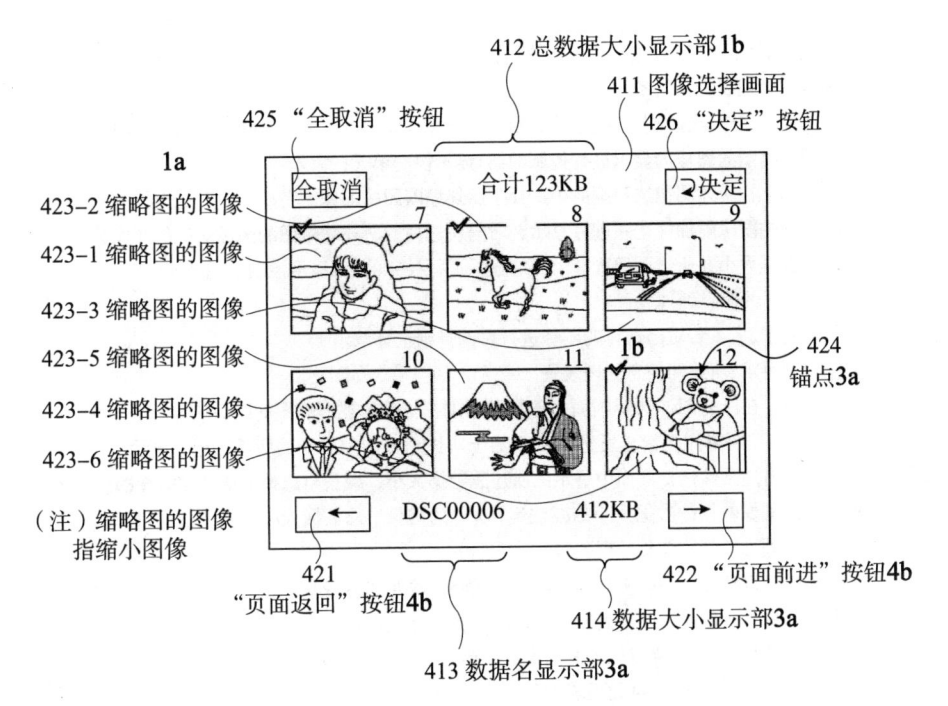

图中标注说明：
- 1a
- 423-2 缩略图的图像
- 423-1 缩略图的图像
- 423-3 缩略图的图像
- 423-5 缩略图的图像
- 423-4 缩略图的图像
- 423-6 缩略图的图像
- （注）缩略图的图像指缩小图像
- 425 "全取消"按钮
- 412 总数据大小显示部 1b
- 411 图像选择画面
- 426 "决定"按钮
- 424 锚点 3a
- 421 "页面返回"按钮 4b
- 422 "页面前进"按钮 4b
- 414 数据大小显示部 3a
- 413 数据名显示部 3a

（1a、1b 等的分段标记，表示与权利要求对应的技术特征，以下图 2 同理）

图 1　图像选择画面的显示例

选择的缩略图的左上方有√的标记。画面上方的"合计"部分显示了所选择的图像总的数据大小（总数据大小）。另外，下方的"DSC00006　412KB"这部分显示了锚点（类似鼠标光标）所在的图像数据名和数据大小。有 6 张以上图像的情况下，通过切换"页面前进"按钮和"页面返回"按钮进行选择。

3. 本发明（权利要求书）

【**权利要求1**】（对选择的图像进行标记，显示总数据大小）
一种信息处理装置，具备：
（1a）在用于选择上传图像数据的图像选择画面中，对成为选择对象的多个图像数据的**缩略图的图像**的显示进行控制的第1显示控制单元；以及
（1b）在所述图像选择画面中选择了所述**缩略图的图像**的情况下，对所选择的所述缩略图的图像**附加标记并进行显示**，对与所选择的所述**缩略图的图像**对应的图像数据的总数据大小在所述图像选择画面的显示进行控制的第2显示控制单元
（1c）的信息处理装置。

【**权利要求2**】（若对已选择的图像进行再选择则选择取消）
根据权利要求1所述的信息处理装置，
（2a）在所述图像选择画面中**选择了附加标记的所述缩略图的图像的情况下**，所述第2显示控制单元，**禁止所选择的附加于所述缩略图的图像的所述标记的显示**，对**进行了从所述图像选择画面中显示的所述总数据大小，减去与选择的所述缩略图的图像对应的图像数据的数据大小的减法运算**(※)的结果的总数据大小在所述图像选择画面的显示进行控制的信息处理装置。

（※）权利要求的原文是除法运算，然而，该处理是将取消了图像选择的数据大小那部分从总数据大小中减去的处理，故减法运算是正确的。

【**权利要求3**】（显示锚点位置的图像的数据名、数据大小）
根据权利要求1所述的信息处理装置，
（3a）在所述图像选择画面中，**锚点位于所述缩略图的图像上的情况下**，所述第1显示控制单元对与所述锚点所在的所述缩略图的图像对应的图像数据的**数据名以及数据大小**的显示也进行控制的信息处理装置。

【**权利要求4**】（"页面前进"按钮、"页面返回"按钮）
根据权利要求1所述的信息处理装置，
（4a）所述图像选择画面至少由**一个页面构成**，
（4b）在存在其他页面的情况下，该其他页面为显示在所述图像选择画面的、显示了所述一个页面的缩略图的图像以外的其他缩略图的图像的页面，还具备：使所述显示了其他缩略图的图像的**其他页面显示于所述图像选择画面**的第3显示控制单元的信息处理装置。

【**权利要求5～7**】
与【权利要求1】的**主题不同**（方法、介质、程序），故省略。

> 虽然实施例是摄录像机，但在权利要求中如"信息处理装置"已被上位概念化了。若在权利要求的各技术特征之处写上对应的本申请说明书的段落号等，以后就会很方便。

4. 本申请的说明书（仅显示与权利要求相关的部分）

【0195】（注：图1请参照 p.105）
　　图1为表示显示于LCD78的图像选择画面的显示例的图。
【0196】
　　在图1中，在图像选择画面411的上部的中央，显示有指示用户作为附件图像而选择的图像数据的合计数据大小的总数据大小显示部412。另外，在图像选择画面411的下部的中央，显示有表示锚点424所在的图像数据的数据名的数据名显示部413及表示其图像数据的数据大小的数据大小显示部414。　　　　[1b]　　[3a]
【0197】
　　然后，在数据名显示部413的左侧设置有"页面返回"按钮421，另外，在数据大小显示部分414的右侧设有"页面前进"按钮422。用户通过操作锚点424，操作该"页面返回"按钮421和"页面前进"按钮422来切换要显示的图像数据。　　[4a、4b]
【0198】
　　此外，图像选择画面411显示有附件图像即选择对象的图像数据作为缩略图的图像423-1至423-6。在图1的例子中，图像数据按每六个图像进行显示，但本发明不限于此，可以显示任意数量的图像数据。作为缩略图的图像而显示的图像数据由用户拍摄，存储于RAM73、EEPROM74、记录/重放单元83或存储卡85中。　　[1a]
【0199】
　　在图像选择画面411的左上侧设有用于取消对作为附加图像而被选择的缩略图的图像的选择的"全取消"按钮425。在图像选择画面411的右上侧设置有用于结束图像选择操作的"决定"按钮426。
【0200】
　　在图像选择画面411，用户使用输入单元77的十字键291和决定按钮292进行锚点424操作，对"页面返回"按钮421和"页面前进"按钮422进行操作，选择要显示的缩略图的图像。在显示的每个缩略图的图像423-1至423-6的右上方显示有指示缩略图的图像顺序的编号。
【0201】
　　通过用户的操作，锚点424位于用户指定的缩略图的图像编号的左侧，指示其指定了缩略图的图像。然后，当用户对输入单元77的"决定"按钮292进行操作时，锚点424所在的缩略图的图像的图像数据就被选择，在所选择的缩略图的图像的左上方显示已被选择的选择标记。然而，缩略图的图像的枚数在不超过预定的枚数和预定的数据大小的范围内可以任意选择。　　[1b]

【0202】

　　另外，当用户选择作为附件的图像后，再次选择显示了选择标记的缩略图的图像的图像数据，此时该图像的选择被取消，选择标记的显示消失。

2a

【0203】

　　在图1的示例中，锚点424位于编号12的缩略图的图像423-6，编号7的缩略图的图像423-1、编号8的缩略图的图像423-2以及编号12的缩略图的图像423-6作为附加图像被选择。

> 在说明书中也标上与权利要求的各技术特征（1b、3a等）的对应关系，以后就会很方便。

§1-2 引用发明
（对比文件中记载的发明）

1. 引用发明1（对比文件1中记载的发明）

■ 图2-2（图像17与19被选择的状态）

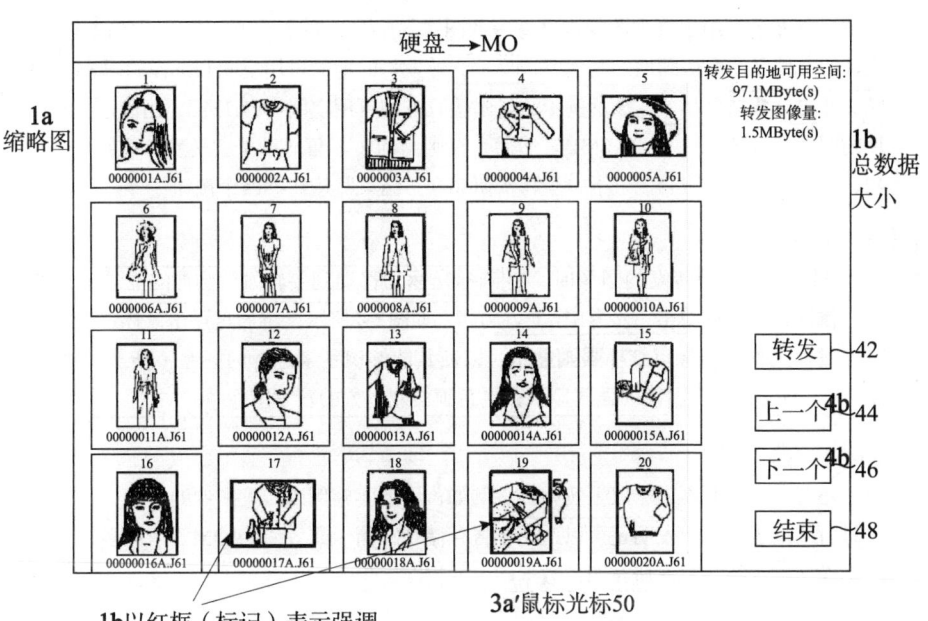

```
              硬盘→MO
                                    转发目的地可用空间：
1a                                  97.1MByte(s)
缩略图  [图像缩略图网格]              转发图像量：        1b
                                    1.5MByte(s)       总数据
                                                       大小

                                    [转发]—42
                                    [上一个]—4b 44
                                    [下一个]—4b 46
                                    [结束]—48
```

1b以红框（标记）表示强调   3a'鼠标光标50
                          不显示数据名、数据大小

（注）图2-1与图2-2基本相同，所以省略［但是，因是图像17和19被选择前的图，所以没有用红框显示强调，转发图像量为0.0MByte（s）］。

> 对比文件中也标上与本申请的各技术特征（1b、3a等）的对应关系，以后就会很方便。

109

【0017】
　　　这样，转发设置完成后，如图2-1所示，将以*m*×*n*（在本实施例中为5×4）个图像以矩阵式列表显示的图像选择画面显示在CRT30上（步骤S5）。还有，该画面显示了转发图像的发送方选择硬盘，接收方选择MO的情形。在该图像选择画面中，通过选择要转发的图像，按"转发"按钮42进行图像文件的转发。在各图像上方显示有用于管理图像数据库中的图像的ID号，在图像下方显示有图像文件的文件名。在该画面的右上方，显示有转发目的地的可用空间和选择的图像文件的总数据大小。在该示例中，显示接收方的可用空间有97.1MB，当前选择的图像文件的总大小为0.0MB。然后，在画面的右下角显示了"转发"按钮42、"上一个"按钮44、"下一个"按钮46和"结束"按钮48四个按钮。

【0020】
　　　另外，在选择转发的图像时，将鼠标光标50移动到要转发的图像的位置，并用鼠标18的左键单击（步骤S16）。例如，如图2-2所示，将通过点击鼠标18的左键而选择的图像以红框强调显示，以使其能够识别未选择的图像（步骤S18）。另外，伴随图像的强调显示，更新画面左上方的转发图像量。

【0025】
　　　还有，本发明不限于以上实施例。例如，以上实施例以转发图像的情况为例进行了描述，但本发明还可以适用于将存储在存储卡或者CD-ROM等中的多个图像文件选择性地注册在图像数据库中的情况。

2. 引用发明2（对比文件2中记载的发明）

■ 图3 [(3) 和 (6) 以外省略]

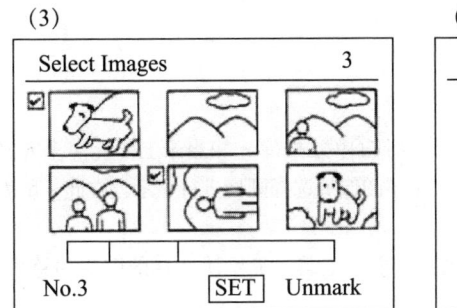

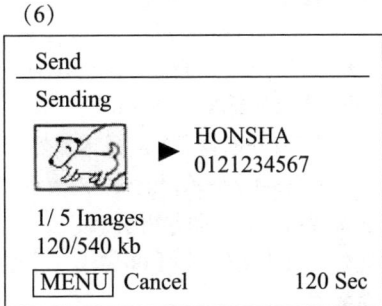

(3)

```
Select Images              3
☑[狗]  [山]    [山]
[人]   ☑[机器人] [动物]
  ▭▭▭▭▭▭▭
No.3        SET   Unmark
```

(6)

```
Send
Sending
[狗] ▶ HONSHA
        0121234567
1/ 5 Images
120/540 kb
MENU  Cancel        120 Sec
```

【0090】
　　图 3 是显示发送图像选择操作时的 UI 画面的迁移的图。**图3（1）**显示了上述发送程序即 Transfer 被启动并且显示初始画面的状态。当在该状态下选择[Send]按钮并按下[SET]按钮时，画面变为显示**图3（2）**所示的与发送有关的菜单的画面（步骤S17）。当从该菜单中选择[Select Image]并按下[SET]按钮时，<u>如**图3（3）**所示，可以在浏览多个显示图像的同时选择以及取消要发送的图像</u>。还有，在此显示的图像是缩小的缩略图图像。另外，在本实施方式中，在所选择的图像的左上方显示选择标记，在**图3（3）**中，在上部左侧的图像和下部中央的图像的左上方显示选择标记，所以可知这些图像已被选择。

— 2a′

3. 引用发明3（对比文件3记载的发明）

　　因为是非专利文献，所以具体内容在此省略。其内容是记载了在电脑上显示有文件列表时，将鼠标光标移到文件图标上时会显示文件名和大小这样的周知技术。这是对应于本申请权利要求 3（3a）的特征。

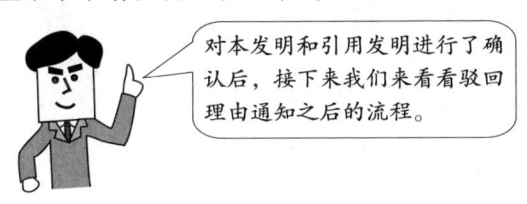

> 对本发明和引用发明进行了确认后，接下来我们来看看驳回理由通知之后的流程。

111

§1-3 驳回理由通知

1. 没有新颖性

（1）关于【权利要求1、5~7】

对比文件1中记载了为进行选择性地注册图像数据库（相当于上传）（【0025】等），如【图2-1】所示，记载有对表示缩小了图像的选择画面进行显示。在此，所表示的小图像就相当于"**缩略图的图像**"。

此外，对比文件1的【0017】、【图2-1】等记载了显示所选择的图像的总大小当于**总数据大小**）。

还有，对比文件1的【0020】、【图2-2】等记载了为使选择的图像与未选择的图像等能够区别出来，选择的图像用红框（相当于标记）叠加强调显示。

因此，【权利要求1、5~7】所涉及的发明相对于对比文件1的发明没有新颖性。

（2）关于【权利要求4】

在对比文件1的【0018】等中记载了显示"上一个""下一个"等的按钮和显示上一个或者下一个图像选择画面。

因此，【权利要求4】所涉及的发明相对于对比文件1的发明也没有新颖性。

> 关于权利要求1，往往会只关注关于发明点的"总数据大小"的部分而忽略了"上传"这一记载。要注意这一点。

2. 没有创造性

（注）因为是旧审查基准时期的案子，所以关于结合是否有动机的内容并没有详细的记载（p.47）。

（1）关于【权利要求1、4~7】

基于与新颖性判断中所述的同样的理由，【权利要求1、4~7】所涉及的发明相对于对比文件1记载的发明没有创造性。

（2）关于【权利要求2】

在对比文件2的【0090】、【图3】等中，记载了在选择多个图像的画面中不仅能选择还能够"取消"。这样，选择多个数据时，在决定最终选择的数据的前阶段，能够反复进行选择或取消，这是周知的。

这样看来，对比文件1记载的发明中，在决定最终选择的数据（即，按下"转发"按钮）之前，能够取消已选择的图像，这也不过是本领域技术人员能够根据具体情况做到的事而已。此时，从总数据大小的显示减去取消的那部分的数据大小也是当然的。

因此，【权利要求2】所涉及的发明相对于对比文件1~2所记载的发明没有创造性。

（3）关于【权利要求3】

对比文件3中记载了将鼠标的光标（相当于锚点）重合到特定的文件上，对该文件的文件名、文件的大小的内容进行显示。

这样，对于用鼠标的光标指定的文件显示文件名、文件的大小是周知的，所以在对比文件1记载的发明中也设一个同样的功能，这对于本领域技术人员来说是很容易做到的。

因此，【权利要求3】所涉及的发明相对于对比文件1、3所记载的发明没有创造性。

§1-4　对于驳回理由通知的答复

1. 手续补正书

> 【权利要求1】
> 一种信息处理装置，具有：
> 　　<u>显示控制单元</u>，在用于对成为<u>预定处理对象</u>的数据进行选择的数据选择画面中，对显示单元进行控制，<u>以使其显示成为选择对象的多个数据的各自的**选择图像**</u>，同时，在所述数据选择画面中所述<u>选择图像</u>被选择时，对所述显示单元进行控制，以使其对被选择的所述**选择图像**<u>附加标记并使其显示</u>，将指示选择的所述<u>选择图像</u>所对应的数据的总<u>数据大小的表示</u>，显示到所述<u>数据</u>选择画面，
> 　　所述显示控制单元对所述显示单元进行控制，以使在所述数据选择画面中当锚点位于所述选择图像时，与所述总数据大小同时显示指示与所述锚点所在的所述**选择图像**对应的数据的数据大小的表示的信息处理装置。

　　对于驳回理由通知，申请人在将修改前的权利要求3的内容加入权利要求1中的同时，还在"使指示与锚点所在的所述选择图像对应的数据的数据大小的表示与所述总数据大小同时显示"这一点上进行了限定（减缩）。

　　另外，在如下两点，还对权利要求进行了扩张（变更）。

　　• 将原来的"要上传图像数据的选择"一般化为"成为预定处理对象的数据的选择"

　　• 将原来的"缩略图的图像"一般化为"表示数据的各自的选择图像"

2. 意见陈述书

（八）关于所指出的违反专利法29条2款的规定

本发明与对比文件1至对比文件3所记载的发明相比，在从选择图像选几个数据这一点上是一致的。但是，在对比文件1至对比文件3中，当你从数据选择画面中选择几个数据时，是无法提高用户便利性的。

而本发明的特征就在于，**特别是在数据选择画面中，当锚点放在选择图像之上时，与选择图像对应的数据的数据大小显示与数据选择画面中选择的数据的总数据大小显示是同时进行的。**

通过这样的特征，在本发明中，当用户想进行新的数据（选择图像）选择时，只要该数据被选择，用户就能很容易掌握所选择的数据的总数据大小究竟有多大，能够提高用户的便利性。

例如，当用户将锚点移动到要选择的数据的选择图像上时，与该选择图像对应的数据的数据大小和已选择的数据的总数据大小就会同时在数据选择画面显示出来。

因此，例如，在能处理的总数据大小有限制的情况下，当从显示的数据大小和总数据大小中选择新数据时，总数据大小是否在所限制的大小的范围内就能一目了然。

关于这一点，对比文件1至对比文件3既没有公开上述本发明的这一特征，也没有给出启示。例如，对比文件1或对比文件2的情形，用户无法知道要选择的图像的数据大小，所以用户一旦选择了图像，若总数据大小超出所限制的范围则必须执行如重新选择或取消选择等的操作。

如上所述，本发明具有对比文件1至对比文件3没有公开的特征，并且具有对比文件1至对比文件3记载的发明无法实现的作用效果，要说根据这些发明，本领域技术人员能够容易地进行发明，这归根结底是无法认同的。

§1-5 拒绝查定和审判请求

1. 拒绝查定（没有创造性）

> 关于修改后的【权利要求1~7】，申请人在"所述显示控制单元对所述显示单元进行控制，以使在所述数据选择画面中当锚点位于所述选择图像时，同时显示指示与所述锚点所在的所述选择图像对应的数据的数据大小的表示"这一点上，主张了新颖性、创造性。
>
> 然而，如前面的驳回理由通知所示，对比文件1中记载了显示选择图像的总数据大小，对比文件3中记载了显示鼠标光标（相当于锚点）所指的文件的数据大小。
>
> 然后，结合对比文件3与对比文件1的手法的情况下，**将对比文件1的总数据大小的显示特意地消除而与对比文件3的手法结合，这是非常不自然的，反而是将两者结合起来并用对于本领域技术人员来说更自然**。因此，通过将对比文件1和对比文件3自然地结合起来，使总数据大小和锚点所在的选择图像的数据大小同时显示，是本领域技术人员容易做到的。
>
> 另外，由于对比文件1和对比文件3都是与数据的选择有关的技术，因此将两者结合起来本身也不会有特别的困难。

2. 手续补正书（拒绝查定不服审判请求时）

> 【权利要求1】
> 　　一种信息处理装置，具有：
> 　　显示控制单元，在用于对成为预定处理对象的数据进行选择的数据选择画面中，对显示单元进行控制，以使其显示成为选择对象的多个数据的各自的选择图像，同时，在所述数据选择画面中所述选择图像被选择时，对所述显示单元进行控制，以使对被选择的所述选择图像附加标记并使其显示，将指示选择的所述选择图像所对应的数据的总数据大小的表示，显示到所述数据选择画面，
> 　　所述显示控制单元对所述显示单元进行控制，以使在所述数据选择画面中当锚点位于所述选择图像时，将指示与所述锚点所在的所述选择图像对应的数据的数据大小的表示，与所述总数据大小同时展现具有与所述总数据大小**相同的前缀的单位**并进行显示。

申请人对拒绝查定不服请求了审判，同时进行了上述的修改。

我们可以在下述"3. 审判请求书中的创造性的主张"中确认以修改为前提的申请人（审判请求人）的主张。

还有，像这种在审判请求时对权利要求书、说明书、附图的任意一个进行了修改，在审判官的审理之前，将会由审查员进行前置审查（p. 14、p. 119）。

3. 审判请求书中的创造性的主张

（ロ）本发明与对比文件的对比

本发明与对比文件1至对比文件3所记载的发明相比较，在从选择图像选几个数据这一点上是一致的。

但是，对比文件1至对比文件3所记载的发明无法提高用户的便利性。

而本发明的特征在于，特别是将锚点所在的与选择图像对应的数据的数据大小和总数据大小，同时以具有相同前缀的单位进行显示。

由于具有这样的特征，本发明中，在数据选择画面，**当锚点位于选择图像时，与该选择图像对应的数据的大小和总数据大小就可以用诸如"千"或"兆"相同的数量级进行同时显示。**

因此，用户可以通过确认与它们相同数量级的数据大小，极其容易地就能得到认知选择后的总数据大小会到什么程度，从而能够提高用户的便利性。

而有关这一点，在对比文件1至对比文件3中却没有揭示和教导上述本发明的特征的构成。

在拒绝查定的备注栏中，审查员指出对比文件1和对比文件3都是与数据的选择相关的技术，因此将两者结合起来不会有特别的困难。

然而，**就算将它们结合在一起，所选择的数据的大小和总数据大小以有不同前缀为单位显示出来时，用户还必须将一种单位换算成另一种单位，因而会导致便利性显著下降。**

如上所述，本发明具备对比文件1至对比文件3没有公开的特征，同时还具有对比文件1至对比文件3所记载的发明无法实现的作用效果，要说本领域技术人员能够基于这些发明容易地进行发明，这归根结底是无法认同的。

■ 图1（再次登载）

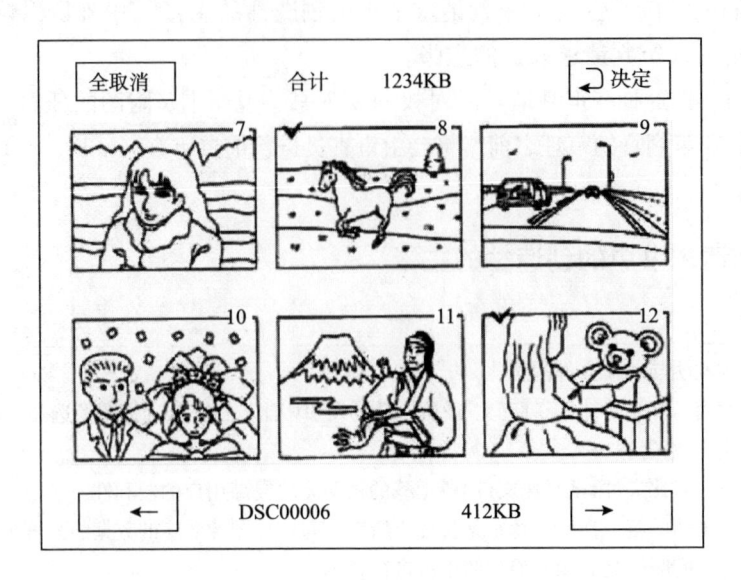

审判请求时的修改，在与图1（再次登载）的锚点所在的图像的大小（412KB）和总数据大小（1234KB），都是用KB（具有"千"这一个前缀的单位）来表示这一点是对应的。

§1-6　前置报告书和审决
　　　　（到引用发明的认定为止）

1. 前置报告书（追加新的对比文件来否定创造性）

■ 图4　新的对比文件的图

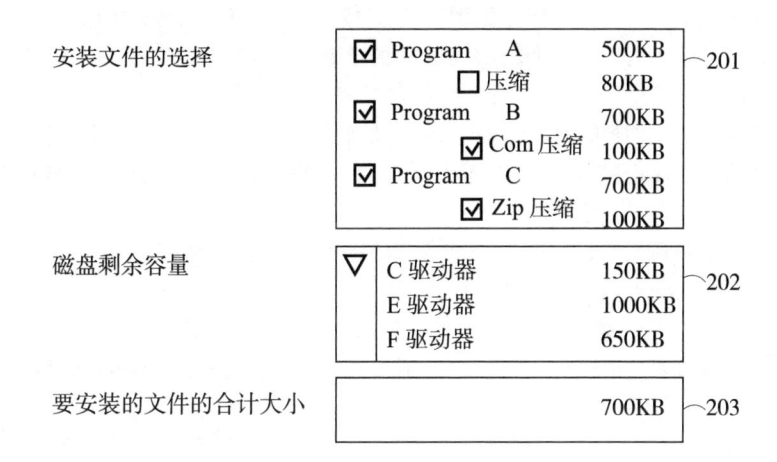

安装文件的选择

☑ Program　A	500KB	
□ 压缩	80KB	
☑ Program　B	700KB	⎫ 201
☑ Com 压缩	100KB	
☑ Program　C	700KB	
☑ Zip 压缩	100KB	

磁盘剩余容量

▽ C 驱动器	150KB	⎫
E 驱动器	1000KB	⎬ 202
F 驱动器	650KB	⎭

要安装的文件的合计大小　　　　　　　　　700KB　〉203

　　但是，如图4所示，各数据全部都是以KB（千字节）显示的［特别是，请注意E驱动器的容量是用1000KB表示的，而不是以1MB（兆字节）表示的］。在表示多个数据时，通过以相同的数量级显示来提高便利性，这对于本领域技术人员来说也只不过是显而易见的事而已。

　　因此，当驳回理由通知中列出对比文件1的总数据大小和对比文件3的数据大小时，**两者的数据用相同的数量级（具有相同前缀的单位）来表示**，这对于本领域技术人员只不过是显而易见的事而已，修改后的【权利要求1、5~7】仍然没有创造性。本次没有修改的【权利要求2~4】也同样没有创造性。

> 在前置报告中审查员虽然引用了新的对比文件，但在审决中审判官并没有使用该对比文件。

2. 审决（引用发明1的认定）

在内置于个人电脑10中的硬盘12上建立了图像数据库（DB）的图像数据库系统中，图像数据由例如存储卡驱动器14、图像读取器20、CD-ROM驱动器22、MO驱动器24和FD驱动器26等图像输入设备作为图像文件而被输入，并存储于硬盘12中，

在进行了转发图像的发送方选择硬盘，接收方选择MO的转发设置后，将$m×n$个图像成矩阵形状进行列表显示的图像选择画面显示于CRT30，

该图像选择画面用于选择转发图像，通过按"转发"按钮42进行图像文件的转发，在各图像上方显示有用于管理图像数据库中的图像的ID，在图像的下方显示有图像文件的文件名，

在选择转发的图像时，将鼠标光标50移动到要转发的图像的位置，并用鼠标18的左键单击，将通过单击鼠标18的左键而选择的图像以红框强调显示，以使其能够识别未选择图像，

在图像选择画面的右上方，显示所选择的转发目的地的剩余容量［例如，"目的地容量：97.1MByte（s）"］和所选择的图像文件的合计大小［例如，"转发图像量：1.5MByte（s）"］，伴随所述图像的强调显示，更新图像选择画面的右上方的转发图像量，当转发图像量超出转发目的地的剩余容量时，使其无法进行图像选择的图像数据库系统。

> 审决是按照本发明的认定（通常就是照抄本申请的权利要求）、引用发明的认定、对比、判断的顺序记载的。可以在确认了对比文件1的记载（p.109～110）后，与认定的引用发明比较一下。下面将使用在此认定的引用发明与本发明进行对比。

§1-7　审决（对比）

在审决中对本发明（p.116）与引用发明1（p.120）之间的对比。

（1）引用发明1中转发的"图像文件"相当于本发明中的"成为预定处理对象的数据"。

（2）引用发明1的成矩阵状进行列表显示的"$m×n$个图像"相当于本发明的"指示成为选择对象的多个数据中的每一个的选择图像"。引用发明1的"图像选择画面"相当于本发明的"数据选择画面"。

（3）关于引用发明1的"在选择要转发的图像时，将鼠标光标50移动到要转发的图像的位置，并用鼠标18的左键单击，将通过单击鼠标18的左键而选择的图像以红框强调显示，以使其能够识别未选择图像"，与本发明的"在所述数据选择画面中所述选择图像被选择时，对被选择的所述选择图像附加标记并使其显示"和在所述数据选择画面中所述选择图像被选择时进行显示，以使所选择的图像能够识别未选择图像这一点是相同的。

（4）引用发明1的"所选择的图像文件的合计大小〔例如，'转发图像量：1.5MByte(s)'〕"相当于本发明的"与所选择的所述选择图像对应的数据的总数据大小"。

（5）引用发明1的"显示所选择的图像文件的合计大小〔例如，'转发图像量：1.5MByte(s)'〕，伴随所述图像的强调显示，更新图像选择画面的右上方的转发图像量"，可以说相当于本发明的"将指示与所选择的所述选择图像对应的数据的总数据大小的表示显示到所述数据选择画面"。

（6）引用发明1的"CRT30"相当于本发明的"显示单元"，显然引用发明1的"图像选择画面"中的显示是由显示控制单元控制的，所以可以说引用发明1具备本发明的"显示控制单元"。

（7）引用发明1的"图像数据库系统"相当于本发明的"信息处理装置"。

① 对比的结果（相同特征）

这样，若使用本发明的术语，则两者在如下方面："具有：显示控制单元，在用于对成为预定处理对象的数据进行选择的数据选择画面中，对显示单元进行控制，以使其显示成为选择对象的多个数据的各自的选择图像，同时，在所述数据选择画面中所述选择图像被选择时，对所述显示单元进行控制，以使其对被选择的所述选择图像附加标记并使其显示，将指示选择的所述选择图像所对应的数据的总数据大小的表示，显示到所述数据选择画面的信息处理装置"是一致的，在如下（1）和（2）中不同。

"实践中经常会有像这样的只抽出引用发明的相同特征，并'翻译'成本发明的描述进行表述的做法。在审查基准的案例中，本发明与引用发明的相同特征是用同样的描述来表述的，但这些案例的引用发明已经是处于翻译完成的阶段。不过，翻译成本发明的表述将会有后见之明的危险，所以需要注意（p.147）。"

② 审决中认定的区别特征

（1）本发明是对所选择的所述选择图像附加标记并进行显示，而引用发明1则是将所选择的图像用红框强调显示，以使能够识别非选择图像。

（2）本发明"所述显示控制单元对所述显示单元进行控制，以使在所述数据选择画面中当锚点位于所述选择图像时，将指示与所述锚点所在的所述选择图像对应的数据的数据大小的表示，与所述总数据大小同时展现具有与所述总数据大小相同的前缀的单位并进行显示"，而引用发明1中却没有记载与选择图像对应的数据的数据大小的表示这一点。

（1）在审查阶段是作为相同特征的。像这样，相同特征的认定，其实是一种即使是专业的审查员/审判官也会有不同的结果的高难度工作。对需要仔细考虑相同特征的重要性，我们在后面的发展篇的"2 对比练习"（p.134）再作确认。

§1-8 审决
（判断：维持没有创造性的拒绝查定）

1. 关于区别特征（1）的判断

> 上述对比文件2中记载了"如**图3（3）**所示，可以在浏览多个显示图像的同时选择和取消要发送的图像。还有，在此显示的图像是缩小的缩略图图像。另外，在本实施方式中，在所选择的图像的左上方显示选择标记，在**图3（3）**中，在上部左侧的图像**和下部中央的图像的左上部显示选择标记**，所以可知这些图像已被选择"（记载 特征（1）【0090】）。
>
> 因此，只要适用对比文件2记载的技术，在引用发明1中，对所选择的所述选择图像附加标记并进行显示，这对于本领域技术人员是容易做到的。

> 引用发明1的"用红框强调显示"这一特征，在审查中是与本发明的"追加标记"进行关联而作为相同特征的，然而，审决中在认可了"以使所选择的图像能够识别非选择图像这一点是共同的"的同时，却还是将其认定为区别特征。这是为什么呢？

> 看一下对比文件2（引用发明2）的图3（3）（p.111），因为是附加了与本申请的实施例（图1）（p.105）很相似的标记，所以在审决中也许是觉得不需要勉强地将其作为相同特征，而使用将与本申请的实施例相近的引用发明2的特征与引用发明1的结合更为合适。

123

2. 关于区别特征（2）的判断

本发明的"在所述数据选择画面中当锚点位于所述选择图像上时"，是通过用户的操作使"锚点"位于选择指定对象的选择图像的，将引用发明1的"鼠标光标50"作为本发明的"锚点"，这是本领域技术人员根据需要能够做到的。

然后，如对比文件3所记载的，将鼠标光标移到所显示的图标（点）上面，使其显示与该图标对应的文件的文件名、更新日期以及大小，这是原申请的优先权日前的公知技术。

这样，由于引用发明1的"图像"相当于与图像文件对应的"图标"，引用发明1的"鼠标光标50"是"鼠标光标"，所以将上述对比文件3的技术应用到引用发明1是本领域技术人员能够容易想到的，当引用发明1中显示控制单元在所述数据选择画面中锚点位于所述选择图像上时，将指示与所述锚点所在的所述选择图像对应的数据的数据大小的表示，与所述总数据大小同时显示，这对于本领域技术人员而言是容易做到的。

> 在区别特征（2）中，到此为止，与审查阶段的判断是相同的。

另外，指示与锚点所在的选择图像对应的数据的数据大小的表示，是在选择了该选择图像时加算到总数据大小中的数据大小，是成为比较对象的表示，这一点是很显然的。在显示比较对象的两个数据大小时，为使用户容易理解，进行表示具有相同前缀的单位显示，这只不过是通常都会这么做的（例如，在对比文件2图像的发送中用户界面的左下方显示"1/5 Images 120/640 kb"），将指示与所述选择图像对应的数据的数据大小的表示，与所述总数据大小的同时展现具有与所述总数据大小相同的前缀的单位并进行显示，这只不过是本领域技术人员可以根据需要适当地做到的常规设计。

> 这是审判请求时的有关修改的部分。审决与前置报告书（p.119）不同，它以对比文件2（p.111）的［图3］（6）为线索认定了周知技术，否定了创造性。

§2-1　申请人答复策略的探讨

在案例探讨篇的案例中，我们来考虑一下申请人的答复策略。

1. 预计的驳回理由（因结合而导致缺乏创造性的典型案例）

引用发明1为A，引用发明2为B，因～的理由将两者结合成A+B，这是本领域技术人员能够容易想到的。

2. 可以预料的答复模式

① **以意见陈述书回复（A+B 不容易想到）**
- 主张对比文件的认定有误
- 主张存在阻碍因素、显著的效果等

② **通过修改进行应对（修改为 A+B+C）**
- 追加新的特征C

作为申请人的应对，可以预想到：①只通过意见陈述书答复，针对驳回理由的见解进行针锋相对的争辩；②通过修改直奔创造性。在实践中，②的情况比较多（不过即使在②的情况下，通常也会提交意见陈述书）。

问题是通过修改将追加的特征C作为什么。将A+B修改为A+B+C时，**必须考虑到会存在发现有关追加的特征C的其他引用发明的风险**。不过，选择存在这种引用发明的可能性低的特征也是一种方案。但是，即便你认为可能性会很低，发现有关特征C的引用发明被发现的风险还是不可能为零。

3. 追加创造性难以被否定的特征C

假如即使之后发现了有关特征C的引用发明，若属于如下几种情况，只要以引用发明1为主引用发明，则创造性就不容易被否定。

- （阻碍因素）只要以引用发明1为前提，则特征C是无法结合的
- （显著的效果）通过将特征C与引用发明1结合产生了本领域技术人员难以预测的显著效果
- （容易的容易）将在后面描述

阻碍因素或者显著效果在化学领域等是比较容易得到认可的，然而在机械、电子、信息等技术领域是很难得到认可的。不论在哪个领域，其都有可能成为有效争辩的是我们下面将进行说明的"容易的容易"的情况。

4. 容易的容易

所谓容易的容易是用来将引用发明1的○作为◎，进而使◎成为□这样的逻辑来否定创造性的。问题是即便将○作为◎和将◎作为□是容易的，经历了○→◎→□的两个阶段以上的创造性行为，是否就不能说它是容易的？从对比文件1（A）来看，它是一种通过修改追加C以使修改后的A+B+C成为容易的容易的策略。

> 容易的容易，在审查基准中是不会出现的字眼，而在审查实践中却经常会用到"这不成了容易的容易了吗"。

5. 将其带到容易的容易中的策略

下面使用案例探讨篇的审判请求时的修改（p.116）进行探讨。

A=数据选择画面、标记、总数据大小（主引用发明）
B=锚点所在的数据的数据大小（副引用发明）
C=用具有相同前缀的单位表示两数据大小

因C的内容以表示总数据大小（A）和锚点的数据大小（B）二者为前提，所以**在主引用发明和副引用发明的相关结合之处追加了更进一步的C（下图中的C1）**。这样，就算找到了与C对应的引用发明，不仅需要说明将主引用发明和副引用发明进行结合的A+B是容易的，还需要说明附加了引用发明

127

的发明是容易的，这样就变成容易的容易了。

在该例子中，因 C 的内容的创造性实在是太低了（仅仅是以具有相同前缀的单位进行表示，几乎是常规手段），所以创造性被否定了，若再多一点有创造性的要素，则创造性得到肯定的可能性是很高的。

■ **成为容易的容易的情形（C1）和无法成为容易的容易的情形（C2）**

```
        C1          ←有成为容易的容易的可能性（还要看C1的内容……）
  B：在对比文件2中有记载   C2    ←无法成为容易的容易
     A：在对比文件1中有记载      在找到记载了C2的文件时，若与主引用发
                              明的结合没有困难，则创造性被否定的可
                              能性会很高
```

C1：与A和B的结合部分有关联并更进一步的特征
C2：与A和B的结合部分无关的特征

第3章
发展篇

——学习从审查基准不容易注意到的、审查基准中没有写的知识

已经在发展篇中学习了一遍审查基准的前提下,接下来对那些只是读一遍审查基准不容易注意到的,或者审查基准中没有写而实践中却是很重要的部分进行说明。

通过本章内容,学习**运用审查基准的知识提高检索能力**,从而能够有效且**高质量地进行审查**。

对于申请人、代理人来说,为了更好地与审查员进行沟通,知晓审查员的诀窍是很重要的。

还有,有关审查基准中的各种案例,在审查手册中也有登载,在此就不区分审查基准和审查手册,将两者一起称为审查基准。

在本章中,我们主要学习以下内容。

§1 如果仅仅是专利法或审查基准会有什么不足?(p.130)
§2 对比练习(p.134)
§3 即使结合起来也无法成为本发明的案例(p.141)
§4 预设了假想引用发明的检索策略(p.149)

§1-1 所谓审查基准到底是什么?

1. 审查基准是适用法律的指针　——检索等技能是学不到的

不论是什么法律，在进行该法律的适用之前，都会进行证据的收集、一定的事实的认定，然后才以该事实为前提进行法律的适用。以专利法中最重要的要件即创造性为例，其审查流程为：现有技术的检索（证据的收集），本发明与引用发明的认定（事实的认定），对比与判断（法律的适用）。

在审查基准的一开头就写道："将专利法等相关法律作为审查员进行对申请的审查时适用的一般指针。"也就是说，**审查基准写的是有关法律适用方面的内容，所以有关现有技术的检索或本发明/引用发明的认定等这样的不是法律适用本身的事项的记载在审查基准中几乎是没有的。**

2. 审查基准的案例是虚构的

审查基准的案例（创造性）以逻辑化（如何去填补区别特征、能否与引用发明结合）为焦点进行说明。

反过来说，在审查基准的案例中，为了使讨论不至于发散到逻辑化以外的其他方面，**对本发明和引用发明的相同特征使用同样的表述。**但是，从现实而言，同样的特征使用了不同的表述记载的情况，这一点都不奇怪，而相同特征的认定也绝不是那么容易的事。

还有，**在审查基准的案例中，以主引用发明与副引用发明（或周知技术等）相结合即为本发明**作为前提，对将它们结合起来到底是否可以判断为没有创造性（即逻辑化的部分）进行了说明。但是在现实案例中，主引用发明与副引用发明（或周知技术等）相结合本来就不一定即为本发明。

■ 专利法的适用过程与审查基准的关系

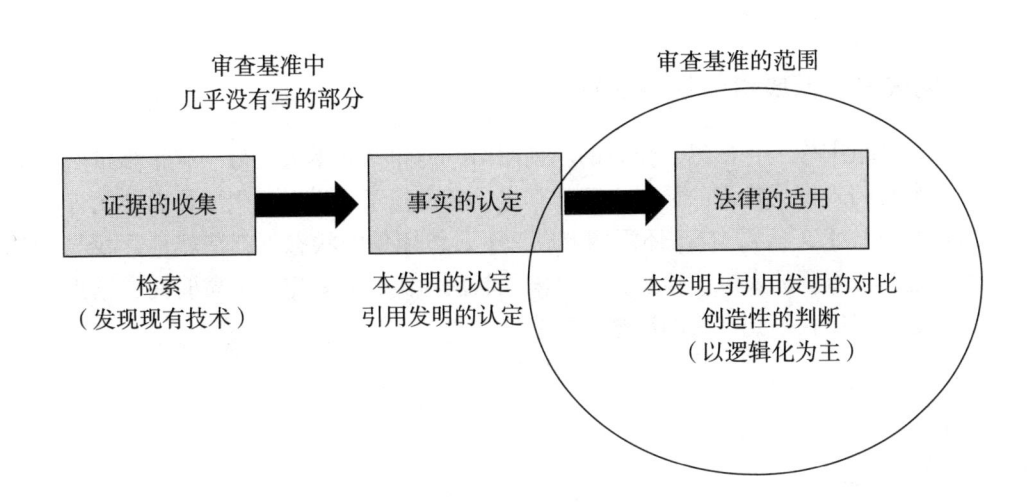

审查基准中几乎没有写的部分

审查基准的范围

证据的收集 → 事实的认定 → 法律的适用

检索
（发现现有技术）

本发明的认定
引用发明的认定

本发明与引用发明的对比
创造性的判断
（以逻辑化为主）

> 因在审查基准中是以逻辑化的说明为焦点的，所以在审查基准的案例中，本发明与引用发明的特征中的同一个特征使用同样的表述，并且是主引用发明与副引用发明（或周知技术等）相结合就能成为本发明的情况。然而很遗憾，现实中的案例并不见得就是那样的。

§1-2 要进行高效率的检索就必须掌握审查基准的知识

1. 低效率、低质量的氛围检索

所谓氛围检索，虽然是作者的原创用语，但包括我本人，似乎有很多审查员都会有陷入氛围检索的情况。正如其名，氛围检索是指对于想要什么样的证据（现有技术文献），自己还没能形成一个具体印象的状态下就茫然地寻找与本申请类似氛围的文献的检索。一旦陷入氛围检索，就肯定是浪费时间，结果往往是检索以找不到有用的证据而告终。

"我是在找什么呀？"

2. 利用审查基准的知识想象出一个假想的引用发明

要使自己不陷入氛围检索，在具体地想象需要什么样证据的同时进行检索这点很重要。在检索前或在检索中反向思考所需的证据。

为此，即使在检索阶段也需要与假想的引用发明（想要的证据）进行对比和判断，而不是将检索（证据的收集）、事实的认定（本发明/引用发明的认定）、对比与判断（法律的适用）各步骤分散地进行，这时候就需要专利法、审查基准的知识。

对于这样的权利要求，要是有这样的引用发明和那样的引用发明是否就能够否定创造性了？

132

§1-3　从审查基准很难注意到的审查要点

1. 正因为是相同特征才要更加注意（参照§2）

在审查基准的案例中，相同特征基本上是不受重视的，而专门就区别特征的逻辑化进行讨论。还有，在研修等中讨论有关创造性等时，也往往以区别特征为中心。

区别特征的逻辑化当然很重要，然而并不意味着可以忽略相同特征，但实践中相同特征往往容易被忽视。作者作为审查员阅读过很多由检索人员制作的检索报告，其中就有不少检索报告因为没有记载作为相同特征的对比文件而没有被采用。还有，在审判官撰写的审决中，也有因相同特征的认定错误而导致诉讼中的争议审决被撤销的情形。其实，相同特征的认定会难到连专业人士也会出错的程度。

在轻易地认定为相同特征之前，还是要好好考虑一下"为何可以说它是相同特征"。

2. 思考一下将它们结合起来是否能成为本发明（参照§3）

还有，在没有被采用的检索报告中经常有这样的情形，即尽管从引用发明1、2来看本发明是容易的，但将引用发明1、2结合起来却不能成为本发明的情形。在进行容易结合的逻辑化的讨论之前，最好养成这样一个习惯，即确认一下**与引用发明结合将会成为什么**，能否成为本发明。此时，不是用本发明的表述去思考而是用引用发明的表述进行思考，这一点很关键（参照§3-3、§3-4）。

§2-1 对比练习
（本发明）

1. 着眼于相同特征的对比练习

下面我们使用实际案例（拒绝查定不服审判的案例）审决时的权利要求进行对比练习。为了方便阅读，附加了 1a、1b 等的分段记号或下划线。需要提醒读者的是，与其注意创造性的结论，不如留意一下本发明的各特征与引用发明的哪一部分对应，为何可以说该部分是相同特征。

2. 本发明

【权利要求1】
　　一种数据发送装置，其特征在于包括：
　　（1a）存储图像的图像存储单元；
　　（1b）显示存储于该图像存储单元中的图像的显示单元；
　　（1c）指示将显示于该显示单元的图像进行发送的指示单元；
　　（1d）当该指示单元指示发送时，将所述显示的图像作为背景图像制作要发送文件的文件制作单元；以及
　　（1e）将由该文件制作单元制作的文件、所述显示的图像以及能够识别设置了将该图像作为所述文件的背景图像进行显示的信息，作为1组数据进行发送的发送单元
　　（1f）的数据发送装置。

在将图像显示于显示单元的状态下，通过指示发送，能够将其图像作为背景图像的邮件等进行发送的装置。还有，本申请的权利要求中只记载了"数据发送装置"，但在说明书的实施例中记载了能够将图像设置为背景的邮件系统。

> **往往容易犯的错误**（忘了下划线部分而认定为相同特征）
> - (1c) 指示将<u>显示于该显示单元的</u>图像进行发送的指示单元
>   ×单凭有"指示将图像进行发送"就认定为相同特征
> - (1d) 当该指示单元指示发送时，<u>将所述显示的图像作为背景图像</u>制作要发送文件的文件制作单元
>   ×单凭记载有"制作文件"就认定为相同特征
> - (1e) 将由该文件制作单元制作的文件、所述显示的图像，以及<u>能够识别设置了将该图像作为所述文件的背景图像进行显示的信息</u>，作为1组数据进行发送的发送单元
>   ×单凭记载有"附上图像进行发送"就认定为相同特征

赋予了像"指示单元""文件制作单元""发送单元"那样，一看就明白的名称的特征会比较危险。因为受该特征的名称（文件制作单元等）的影响，往往就会错误地认为是相同特征。不仅应注意单元的名称，也应该注意单元的处理内容，要注意其能否被称为相同特征。

> 申请人、代理人也要认真地确认一下审查员认定的相同特征的部分是否真的可以认定为相同特征。

§2-2 对比练习
（认定的引用发明）

在审决中基于对比文件（电脑杂志）的记载认定了以下引用发明。

> 一种制作HTML邮件的软件，
> 使用模板发送HTML邮件时，
> 点击菜单的"新邮件"右边的"▼"，然后点击"模板的选择"显示出模板文件列表，
> 点击想看的文件，<u>在右边的预览画面上显示出模板的图案，点击"OK"</u>，使用了该模板的制作邮件的画面被启动，
> 所选的模板的图案在本文栏中，
> 点击文字的"字体"和"大小"的右边的"▼"后，点击"MS明朝"和"14"，进行指定，撰写本文，
> 输入收件人的邮址和主题名称，点击画面上方的"发送"，
> 制作好的邮件放在发件箱中，
> 点击"发件箱"，确认邮件在发件箱中，点击"发送和接收"，发送完毕，
> 其中，
> 使用数字相片，为了登记原始的模板，将数字相片用"Paint"缩小，保存到"My Pictures"中，
> 打开"模板安装向导"，点击"下一个"，
> <u>打开"背景"的画面，若使用自己拍摄的数字相片时，点击"参照"</u>，
> 点击"My Document"，接着双击窗口内的"My Pictures"将其打开，<u>点击要用的相片的文件进行选择，点击"打开"</u>，
> 回到原来的画面，在"预览"中显示选择的图像，点击位置栏的"▼"后，分别点击"中央""居中对齐"并选择，点击"下一个"，
> 点击"字体""大小""颜色"，分别点击各栏右边的"▼"，从列表中通过点击进行选择，最后点击"下一个"，
> 从画面的边缘到文字为止的余白，点击"▲"设为"25"并在"预览"中反映出来，确认后点击"下一个"，
> <u>显示在"预览"完成的模板</u>，对该模板输入适当的文件名，点击"完成"，
> 回到"模板的选择"画面，在模板列表中追加刚制作的模板的文件名，并选择，<u>点击"OK"</u>，制作邮件的画面被启动，
> 在邮件的画面输入本文，输入"收件人的邮址"和"主题名称"的制作HTML邮件的软件。

> 虽然被认定的引用发明冗长难读，但是，只要理解了p.137的流程，就可以不用理解细节。

§2-3　本发明与对比文件的对比

在进行对比之前，我们先整理一下引用发明的流程。

■ 引用发明的流程概要

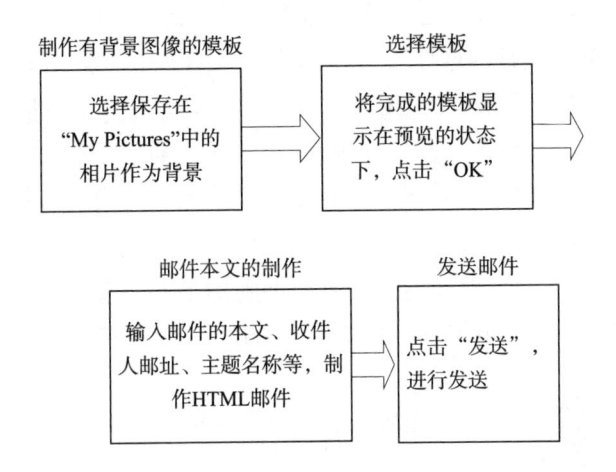

制作有背景图像的模板

选择保存在"My Pictures"中的相片作为背景 →

选择模板

将完成的模板显示在预览的状态下，点击"OK" →

邮件本文的制作

输入邮件的本文、收件人邮址、主题名称等，制作HTML邮件

发送邮件

点击"发送"，进行发送

> HTML是一种描述主页的技术，HTML邮件能够像主页那样，在其背景显示图像。

下面，我们通过确认在审决中的对比结果，来看看本发明（p.134）中从1a至1f的各技术特征与引用发明是如何进行关联的。请关注一下其作为相同特征的原因。

(1a) 存储图像的图像存储单元；

(1b) 显示存储于该图像存储单元的图像的显示单元；

137

显然，引用发明的"数字相片"是"图像"，存储于"My Pictures"中，作为模板的图案显示于预览中。

→可以说引用发明具有"存储图像的图像存储单元"及"显示存储于该存储单元的图像的显示单元"。

(1c) 指示将显示于该显示单元的图像进行发送的指示单元；

引用发明在使用模板发送 HTML 邮件时，"点击菜单'新邮件'右边的'▼'，然后点击'模板的选择'，显示出模板文件列表，点击想看的文件，在右边的预览画面上显示出模板的图案，点击'OK'，使用了该模板制作邮件的画面被启动，然后，输入收件人的邮址和主题名称，点击画面上方的'发送'，制作好的邮件放在发件箱中，点击'发件箱'，确认邮件在发件箱中，点击'发送和接收'，发送完毕"。

→"点击'OK'"，就相当于本发明的显示单元所显示的图像发送指示，可以说引用发明具有"指示显示于显示单元的图像的发送的指示单元"。

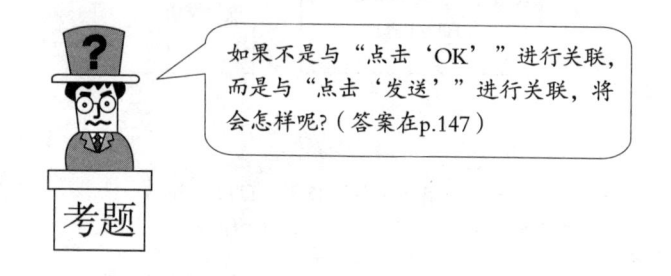

如果不是与"点击'OK'"进行关联，而是与"点击'发送'"进行关联，将会怎样呢？（答案在p.147）

考题

(1d) 当该指示单元指示发送时，将所述显示的图像作为背景图像制作要发送文件的文件制作单元；以及

在引用发明中，公开了存储于"My Pictures"的相片通过"模板安装向导"作为模板而被追加，可以作为邮件的背景使用这一点是很明显的，一旦邮件制作画面被启动就输入邮件的本文。

→可以说引用发明具有：当指示单元指示发送时，将所显示的图像作为背景图像，制作要发送的文件的文件制作单元。

(1e）将由该文件制作单元制作的文件、所述显示的图像以及能够识别设置了将该图像作为所述文件的背景图像进行显示的信息，作为1组数据进行发送的发送单元；

在引用发明中，通过邮件的发送，图像也与文字一起作为1组数据进行发送这一点是很明显的。

→可以说引用发明具有将由文件制作单元制作的文件、所显示的图像作为1组数据进行发送的发送单元。

（区别特征）引用发明中没有"能够识别设置了将该图像作为所述文件的背景图像进行显示的信息"的描述。

→在审决中，认定"在HTML中使用'标签'能够识别背景图像和文字并进行显示"为周知技术而否定了创造性。

（1f）其特征在于：包括……的数据发送装置。

在搭载于PC（个人电脑）的状态下，可以说邮件的软件是数据发送装置。

归根结底，审决中认定了如下所述的相同特征（至于区别特征，作出由周知技术容易想到的判断）。大家也顺利地完成了吗？

■ 相同特征（有删除线的部分是区别特征）

【权利要求1】
　　一种数据发送装置，其特征在于包括：
　　（1a）存储图像的图像存储单元；
　　（1b）显示存储于该存储单元的图像显示单元；
　　（1c）指示将显示于该显示单元的图像进行发送的指示单元；
　　（1d）当该指示单元指示发送时，将所述显示的图像作为背景图像，制作要发送的文件的文件制作单元；以及
　　（1e）将由该文件制作单元制作的文件、所述显示的图像，以及能够识别设置于将该图像作为所述文件的背景图像进行显示的信息，作为1组数据进行发送的发送单元
　　（1f）的数据发送装置。

P.138考题答案
在本发明中在（1c）作出了发送的指示后，必须在（1d）制作文件（邮件本文）。而在引用发明中，由于一旦点击"发送"，则不进行本文文件的制作就进行发送了，所以，若将点击"发送"与（1c）进行关联就会失去与（1d）的对应。

§3-1 假想案例
（本发明）

下面我们看一下即使将引用发明结合起来也不能成为本发明的案例。

> 【权利要求1】
> （1a）一种能够进行信息的发送和接收的通信装置，其特征在于包括：
> （1b）基于信息中包含的术语这一指标，进行各信息回复必要性的判断的判断单元；以及
> （1c）对接收信息的列表进行显示，并将由所述判断单元判断为必要性高的信息显示到上位的列表显示单元的通信装置。

① **课题**

在通信装置中显示信息的列表时，将需要立即回复的信息对用户进行简单易懂的显示。

② **通信装置**

可以是电话、传真、电子邮件、SNS 等中仅具有单独功能的装置，也可以是具有多功能的装置（例如智能手机）等。

③ **接收信息的列表**

对于电话的来电记录的列表、传真的接收记录的列表、收到的电子邮件的列表、收到的 SNS 信息的列表等，基于"预定的指标"判断各信息的回复必要性，**将判断为必要性高的信息显示到上位。**

④ **预定的指标**

用**"信息中包含的术语"**作为判断各信息回复必要性的"预定的指标"。例如，将包含有"加急"这一术语的信息判断为回复必要性高。为了从信息中提取术语，可以考虑从电子邮件或 SNS 的文本中提取术语，也可以对录音电话进行语音识别，还可以对传真的图像进行图像识别。

■ 在通信装置中的信息的显示

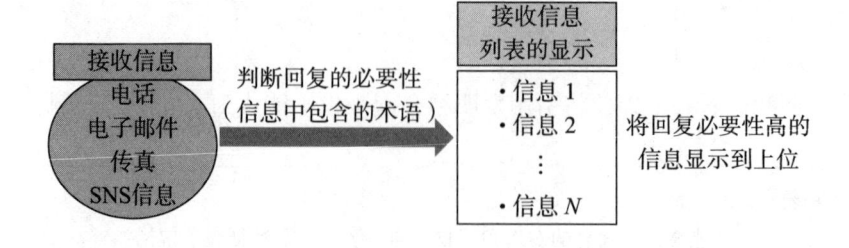

接收信息
电话
电子邮件
传真
SNS信息

判断回复的必要性
（信息中包含的术语）

接收信息
列表的显示
·信息1
·信息2
⋮
·信息N

将回复必要性高的
信息显示到上位

> 针对这一类申请，基于专利分类（IPC、FI、CPC等）进行检索是有难度的。对如电话、传真那样的各自的装置是有分类的，而在这一案例的本申请中，它是特定种类的装置这一点并不是实质性的部分，"将回复必要性高的信息显示到上位"这一点才是发明点。像这样的横跨设备的发明，与按设备对分类进行细化制作而成的专利分类的匹配度会很低。因此，光想着从特定的专利分类去查找是行不通的。

§3-2 引用发明

1. 引用发明 1

一种智能手机，

在显示接收邮件列表时，将包含预定术语（例如包含有"紧急"）的电子邮件判断为应该马上回复的邮件，并对该类邮件用红色等进行强调显示的智能手机。

■ 智能手机

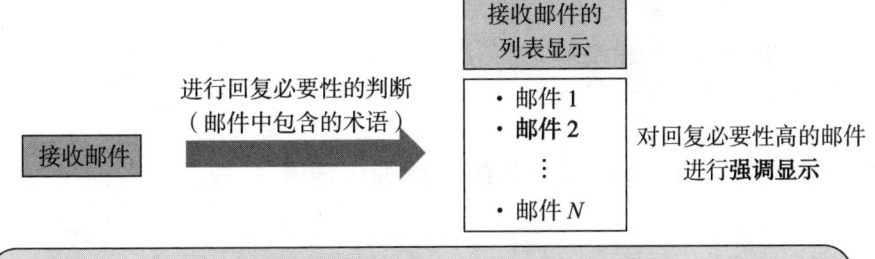

```
接收邮件  ──进行回复必要性的判断──▶   接收邮件的
           （邮件中包含的术语）        列表显示
                                    · 邮件 1
                                    · 邮件 2      对回复必要性高的邮件
                                       ⋮          进行强调显示
                                    · 邮件 N
```

> 与本发明的表述有所不同，所以需要进行翻译
> "电子邮件"→"信息"，"包含于邮件中的术语"→"包含于信息中的术语"，
> "接收邮件的列表"→"接收信息的列表"，
> "智能手机"→"通信装置"

2. 引用发明 2

一种电话装置，

在显示来电列表时，将来自预定的发信人（例如家人）的电话判断为需要马上回电话的高必要性，并将该来电显示到上位的电话装置。

■ 电话装置

```
                              来电记录
                              列表显示

           进行回电话的必要性的判断      · 来电 1
           （基于发信人）            · 来电 2       将回电话
   来电    ━━━━━━━━━━━━━▶        ⋮         必要性高的
                              · 来电 N       显示到上位
```

与本发明的表述有所不同，所以需要进行翻译
"电话（呼叫）" → "信息"，
"来电记录的列表" → "来电信息的列表"，
"电话装置" → "通信装置"

3. 将引用发明1、2用本发明的表述进行翻译

【引用发明1】

（1a）一种能够进行信息的发送和接收的通信装置，其特征在于包括：

（1b）基于信息所包含的术语这一指标，判断各信息的回复必要性的判断单元；以及

（1c）对接收信息的列表进行显示，并将由所述判断单元判断为必要性高的信息显示到上位进行强调显示的列表显示单元；

的通信装置。

【引用发明2】

（1a）一种能够进行发送和接收的通信装置，其特征在于包括：

（1b'）基于包含至少信息中包含的术语的、发信人这一指标的预定指标，对各信息的回复必要性进行判断的判断单元；以及

（1c）对接收信息的列表进行显示，并将由所述判断单元判断为必要性高的信息显示到上位的列表显示单元；

的通信装置。

§3-3　结合起来能成为本发明?

1. 没有创造性的审查意见案

> 引用发明1和引用发明2都属于有关通信装置的技术领域，在这一点上它们的**技术领域是相同的**，在显示接收信息的列表时将回复必要性高的信息进行简单易懂的显示，在这一点上它们的**课题也相同**。因此，引用发明1中在显示接收信息的列表时，对于回复必要性高的信息，采用如引用发明2的"显示到上位"的手法来代替"强调显示"的手法，并想到本发明，这对于本领域的技术人员来说是容易做到的。

> 这审查意见案哪里有问题?这不也是仔细地考虑了审查基准中所写的"有动机"所要考虑的要素而进行逻辑化的吗!

> 等一等。在考虑是否有结合的动机之前，应该先考虑一下若将引用发明1、2结合起来能成为什么。

2. 要是不翻译成本发明的表述就用引用发明的表述进行结合呢？

■ 直接将引用发明的表述进行结合

引用发明 1：智能手机
- 回复的必要性（邮件中包含的术语）
- 强调显示

引用发明 2：电话装置
- 回电话的必要性（发信人）
- 显示到上位

引用发明1+2：智能手机
- 接收邮件的列表显示
  - 回复的必要性（邮件中包含的术语）
  - 强调显示
- 来电记录的列表显示
  - 回电话的必要性（发信人）
  - 显示到上位

即使结合起来也成不了本发明！

本发明
- 回复的必要性（信息中包含的术语）
- 显示到上位

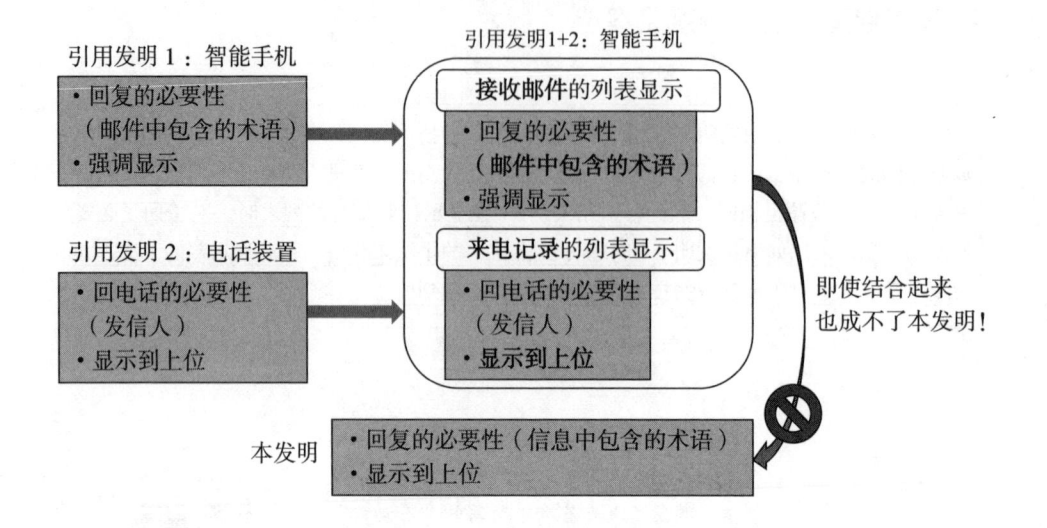

将引用发明 1 和引用发明 2 进行结合的智能手机

×由于在显示接收邮件的列表中是不进行上位显示的，所以不满足（1c）。

×由于在来电记录的列表显示中不进行基于术语的回复必要性的判断，所以不满足（1b）。

→即使将引用发明 1、2 进行结合，也无法想到本发明，所以无法否定创造性！

> 审查意见案到底在哪儿出错了呢？下一页我们来思考一下。

§3-4　隐藏在翻译成本发明的表述中的后见之明的结构

§3-3 所示的没有创造性的审查意见案，表面看来写得都很对，但是，其实它并不是引用发明 1 和引用发明 2 的结合，而是**将引用发明 1 和引用发明 2 翻译成本发明的表述后再认定的引用发明 1′和引用发明 2′进行了结合。**

■ §3-2 的审查意见案的逻辑化的结构（后见之明）

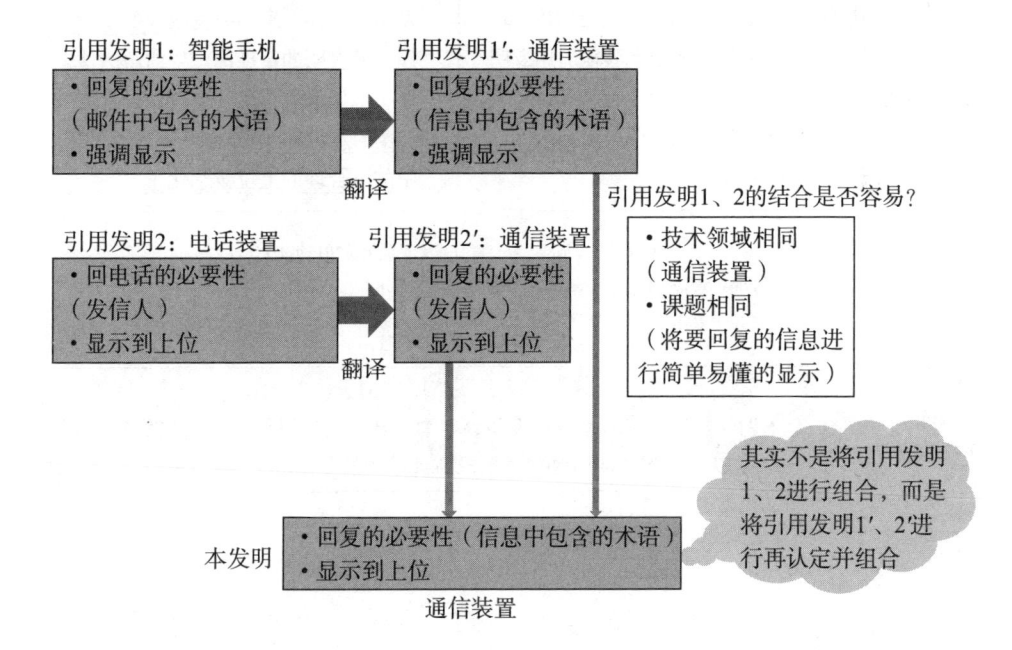

```
引用发明1：智能手机              引用发明1′：通信装置
・回复的必要性                    ・回复的必要性
 （邮件中包含的术语）              （信息中包含的术语）
・强调显示                        ・强调显示
                  翻译
                                              引用发明1、2的结合是否容易？
                                              ・技术领域相同
引用发明2：电话装置               引用发明2′：通信装置    （通信装置）
・回电话的必要性                   ・回复的必要性        ・课题相同
 （发信人）                       （发信人）           （将要回复的信息进
・显示到上位                      ・显示到上位            行简单易懂的显示）
                  翻译

                      本发明    ・回复的必要性（信息中包含的术语）
                              ・显示到上位
                              通信装置
```

（其实不是将引用发明 1、2 进行组合，而是将引用发明 1′、2′进行再认定并组合）

试想一下在创造性的判断中，本领域技术人员不知晓本发明（终点），能否说容易想到本发明（p.48）？然而，对引用发明 1′和 2′的认定使用了本发明的知识。也就是说，**对于 §3-3 的审查意见案的逻辑化，要是不知晓本发明是无法实现的**。将在进行本发明创造性的判断时，使用了本发明的知识的情形称为**后见之明**。

■ 2015 年 10 月审查基准全面改订时的讨论

收到的意见	对意见的回答
• 如在平成26年（行ケ）第10149号、平成26年（行ケ）第10150号的判决中指出的： 1. 在认定了引用发明的记载内容的基础上， 2. 在分析区别特征时，将引用发明的记载内容换成本发明的特征的描述进行再次认定（再解释）， 3. 用再次认定后的引用发明的记载内容的结构来分析是否能够适用于其他引用发明 • 这样的认定手法，从结果上导致错误地判断为容易想到这样的危险性是很高的。	• 为防止您所担心的问题发生， • 在改订审查基准第Ⅲ部第2章第2节3.3（1）（ⅱ）以及第3节3.3中，要求审查员必须注意不要陷入后见之明的情形 • 关于您所指出的问题，在认定引用发明时，要注意不要受<u>权利要求所涉及的发明的牵扯而产生曲解的情形</u>［例如您所指出的按权利要求所涉及的发明进行再次认定（再解释）中的不合理的上位概念化］。

对《特许·实用新型审查基准》修订案征求意见结果（2015年9月16日）
https://www.jpo.go.jp/iken/kaitei_150708_kekka.htm
请参照"3. 意见概要和对意见的答复"的No.139。

2015.10 追加到审查基准 →
不能陷入后见之明的例子
（ⅰ）对于权利要求所涉及的发明，本领域技术人员似乎都很容易想到
（ⅱ）在认定引用发明时受权利要求所涉及的发明牵扯

§4-1　将权利要求作为一个整体的检索策略

1. 权利要求的分段及其问题所在

如"权利要求1，1a、1b……；权利要求2，2a、2b……"等那样，经常会对权利要求进行分段。这是因为可以将权利要求的各技术特征像拼图的单片那样进行处理，用起来很方便。

但是，权利要求的分段会面临以下几个问题。

■ **权利要求的分段问题**
① 在检索阶段没有考虑引用发明之间的结合
② 在对比判断阶段想要强行地将引用发明结合到一起，容易陷入**后见之明**。
③ **没有将权利要求作为一个整体的检索策略**，容易陷入氛围检索。

已经分析过的假想例（p.144）中，引用发明1中有1a、1c，引用发明2中有1b、1c，由于乍一看似乎本发明的1a、1b、1c这样的单片都齐了，所以也容易引起后见之明。

权利要求的分段是很方便，但还是要在理解了这些问题的基础上去正确地使用它。

2. 在将权利要求作为一个整体的检索策略中，熟知审查基准的知识是必需的

要进行高效且高质量的检索，**在一定程度上具体地设想一个"要否定创造性需要什么样的文献？"** 这样一个假想引用发明，这一点很重要。为此，熟知审查基准的知识是必需的。首先，我们再次使用假想案例，<u>探讨一下在已经有主引用发明的情况下，寻找副引用发明的情形</u>。

日本专利审查实务

■ 从被上位概念化的权利要求的表述选择具体的终点

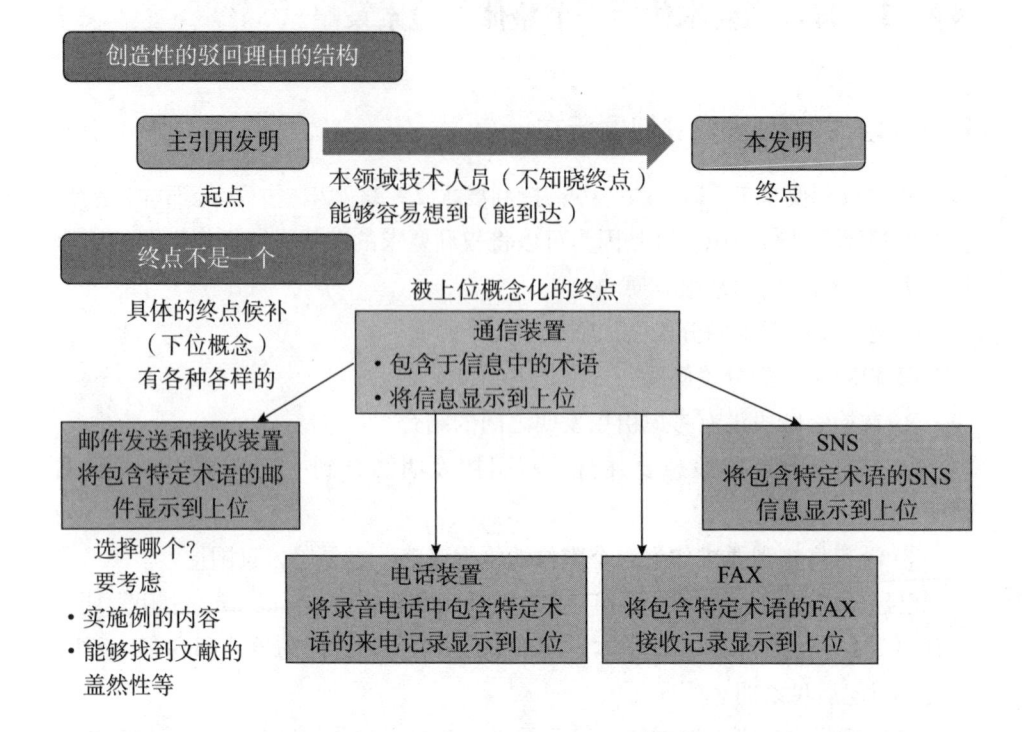

创造性的驳回理由的结构

```
主引用发明  ──本领域技术人员（不知晓终点）──▶  本发明
  起点      能够容易想到（能到达）                终点
```

终点不是一个

具体的终点候补
（下位概念）
有各种各样的

被上位概念化的终点
通信装置
· 包含于信息中的术语
· 将信息显示到上位

- **邮件发送和接收装置**
  将包含特定术语的邮件显示到上位
- **电话装置**
  将录音电话中包含特定术语的来电记录显示到上位
- **SNS**
  将包含特定术语的SNS信息显示到上位
- **FAX**
  将包含特定术语的FAX接收记录显示到上位

选择哪个？
要考虑
· 实施例的内容
· 能够找到文献的盖然性等

　　在能够想到多个具体的终点候补的情况下，如果从主引用发明出发能够容易地到达任意的一个终点这事能够得到逻辑化，那就可以否定创造性。

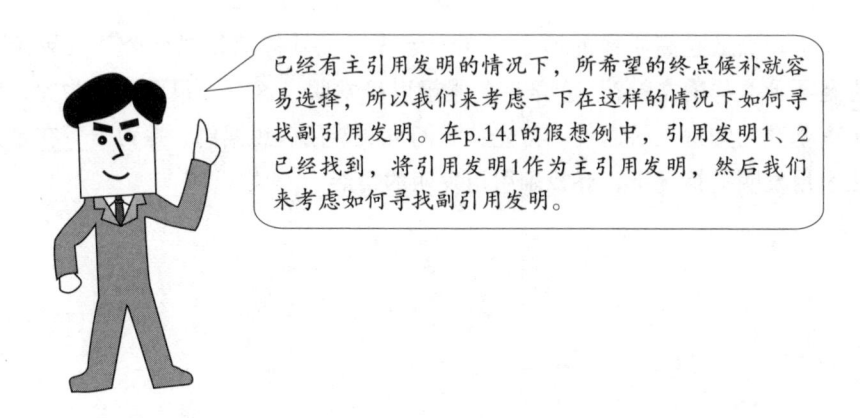

> 已经有主引用发明的情况下，所希望的终点候补就容易选择，所以我们来考虑一下在这样的情况下如何寻找副引用发明。在p.141的假想例中，引用发明1、2已经找到，将引用发明1作为主引用发明，然后我们来考虑如何寻找副引用发明。

150

§4–2　副引用发明的检索策略的部署

■ 从所选择的终点候补来反向寻找副引用发明

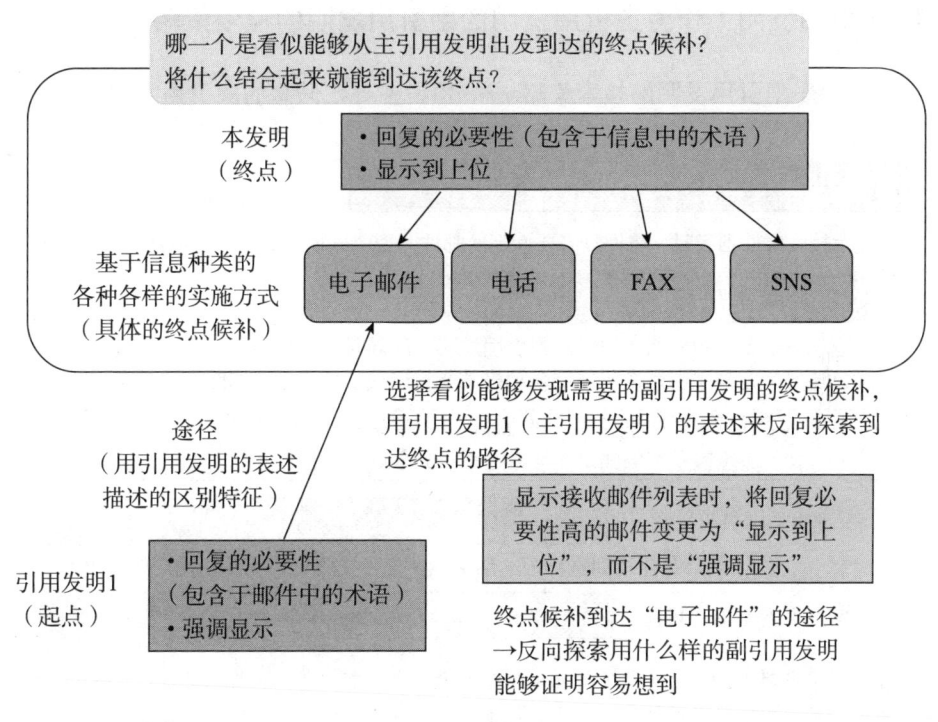

哪一个是看似能够从主引用发明出发到达的终点候补？
将什么结合起来就能到达该终点？

本发明（终点）
- 回复的必要性（包含于信息中的术语）
- 显示到上位

基于信息种类的各种各样的实施方式（具体的终点候补）
电子邮件　电话　FAX　SNS

途径
（用引用发明的表述描述的区别特征）

引用发明1（起点）
- 回复的必要性（包含于邮件中的术语）
- 强调显示

选择看似能够发现需要的副引用发明的终点候补，用引用发明1（主引用发明）的表述来反向探索到达终点的路径

显示接收邮件列表时，将回复必要性高的邮件变更为"显示到上位"，而不是"强调显示"

终点候补到达"电子邮件"的途径
→反向探索用什么样的副引用发明能够证明容易想到

　　在找到了主引用发明的候补的阶段，①（终点候补的选择）从包含于本发明的多个终点候补中选择主引用发明（起点）容易到达的，②从主引用发明（起点）至本发明（具体的终点候补）的途径（区别特征）进行反向探索。在这些过程中，关键**不是用本发明的抽象表述（信息）来思考，而是用引用发明的具体表述来思考（电子邮件、电话、FAX、SNS 等）**。

　　在假想例中，主引用发明（引用发明1）

> 对于在主引用发明的何处改变、怎样改变才能成为本发明这一途径，要用主引用发明的表述去进行思考。

151

是关于电子邮件的发明,所以本发明的终点候补也以选"将包含特定术语的邮件显示到上位"为合适。此时,若不是将回复必要性高的邮件进行"强调显示"而是改为"显示到上位",则途径(区别特征)就能得到填补。求得途径,接下去就是进行检索策略的部署了。

1. 将引用发明1作为主引用发明的副引用发明的检索策略

■ 副引用发明的检索策略 ——预设并寻找假想的副引用发明

用主引用发明的表述来思考的、到达终点候补的途径

在显示接收邮件列表时,将回复必要性高的邮件改为"显示到上位"而不是"强调显示"

怎样的副引用发明才能证明途径是容易想到的?

具体想象一个副引用发明(**假想的副引用发明**)的同时进行检索
此时,还要考虑与主引用发明的结合动机(要是记载了这样的课题就好了等)

要学会进行这样的思考就必须理解审查基准中对创造性的逻辑化
(审查基准的知识能够在这里得到很好的发挥!)

理想的副引用发明　　将回复必要性高的邮件显示到上位

要是能找到这样合适的文献,说不定将它作为主引用发明会更好?

第二方案(第二目标)　　将接收邮件列表中重要的邮件显示到上位

在主引用发明中,是基于电子邮件中包含的术语来判断回复必要性的特征。很明显,主引用发明中回复必要性高的电子邮件是"重要邮件"。但是,若用第二方案,则不仅要事先表明它不单是公知还是"周知"的(例如,举出多个文件以表示其周知性),这样比较稳妥。

　　由于是假想一个具体的副引用发明而不是用抽象的本发明的表述来进行检索,所以不容易陷入"不知道在找什么"的氛围检索,并且需要寻找的专利分类或检索关键词的选择也会变得容易。
　　尽管如此,也会有找不到当初假想的引用发明的情况。这种情况下,不要固执于一个假设上这一点很重要。例如,也可以考虑将引用发明2作为主引用发明,而不是引用发明1。

2. 以引用发明 2 为主引用发明的副引用发明检索策略

■ 将引用发明 2 作为主引用发明进行检索策略的部署

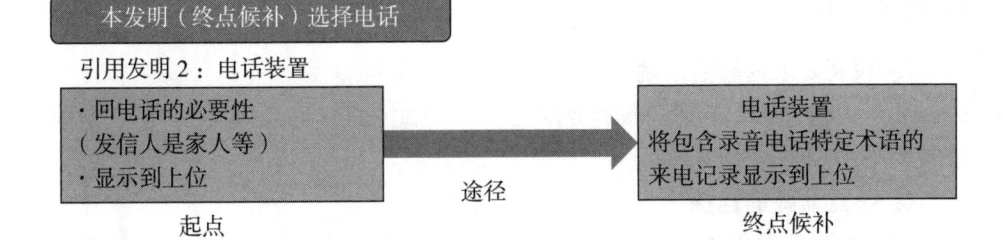

引用发明 2：电话装置		电话装置
·回电话的必要性（发信人是家人等） ·显示到上位	→ 途径	将包含录音电话特定术语的来电记录显示到上位
起点		终点候补

本发明（终点候补）选择电话

途径是什么？ 对于回复（回电话）的必要性，基于录音电话的语音中包含的"术语"而不是"发信人"来进行判断

改变的前提
要从录音电话的语音信息中提取预定术语，**需要语音识别等新的特征**

→ 门槛也许会比将引用发明 1 作为主引用发明的情形更高
（有时候也会有原以为门槛高，而引用发明很快显现的情况……）

（注）用什么样的副引用发明来证明以哪个文献为主引用发明、往哪个终点、途径的容易想到性，**在具体地想象这些逻辑（假设）的同时进行检索固然很重要，但根据检索的具体情况灵活地切换到别的逻辑（不固执地坚持一个假设）也很重要**。

将引用发明 2 作为主引用发明的情况下，本发明的终点候补也设为"将包含特定术语的电话显示到上位"会更为合适一些。此时，到达终点的途径，即**电话**的回复（回电话）必要性的判断是基于录音电话的**语音中包含的"术语"**而不是基于"发信人"来进行。也就是说，要检索的假想的副引用发明是：从录音电话的语音，用语音识别等的方法对语音进行识别，将包含有特定术语的来电判断为回复必要性高。

但是，此时从语音提取术语就需要语音识别等新的特征，检索的门槛也许会变高。

§4-3　开始检索之前的检索策略

下面我们考虑在主引用发明也不存在的状态下的检索策略。

1. 基本流程

① 权利要求内容的斟酌

要考虑包含于本申请的权利要求的各种实施方式（终点候补），不一定限于说明书中表明的实施例。

② 终点候补的选择

通过检索能够发现的盖然性高的是哪一个？（考虑到之后的修改，**与实施例相近的文献**最为合适，不过即使能够找到盖然性低的，也不要忘记考虑**其他的终点候补**）

③ 假想的引用发明的设定

要是用一个文献难以涵盖的话，那就考虑假想的主引用发明、副引用发明。

■ 考虑假想的主引用发明、副引用发明时的关键

> 权利要求的技术特征中至少哪一部分是主引用发明必须要涵盖的（哪一部分是无法通过与别的文件结合进行逻辑化的），哪一部分是用副引用发明也没关系的？此时用什么进行结合的逻辑化呢？

例如：在权利要求的特征A~C中，A和B如果分开的话就无法进行逻辑化，所以是不可分离的（必须用主引用发明来涵盖双方），但C用别的引用发明似乎也可以。但是，若设主引用发明为A+B来考虑结合的理由，则还是需要在记载了C的文件中表明○○的课题。

在进行这样的探讨时，审查基准的知识就可以得到发挥了。

在开始检索前，因成为起点的主引用发明也没有确定，所以也可以认为有多个起点（主引用发明），可以考虑从各起点到终点的候补（本发明的具体实施方式）的途径（填补区别特征的副引用发明）的多种组合。从中**选出认为若是该主引用发明和副引用发明的话也许能够发现的文件，作为假想的引用发明**。然后，去寻找假想引用发明。

■ 各种（假想）主引用发明、副引用发明的探讨

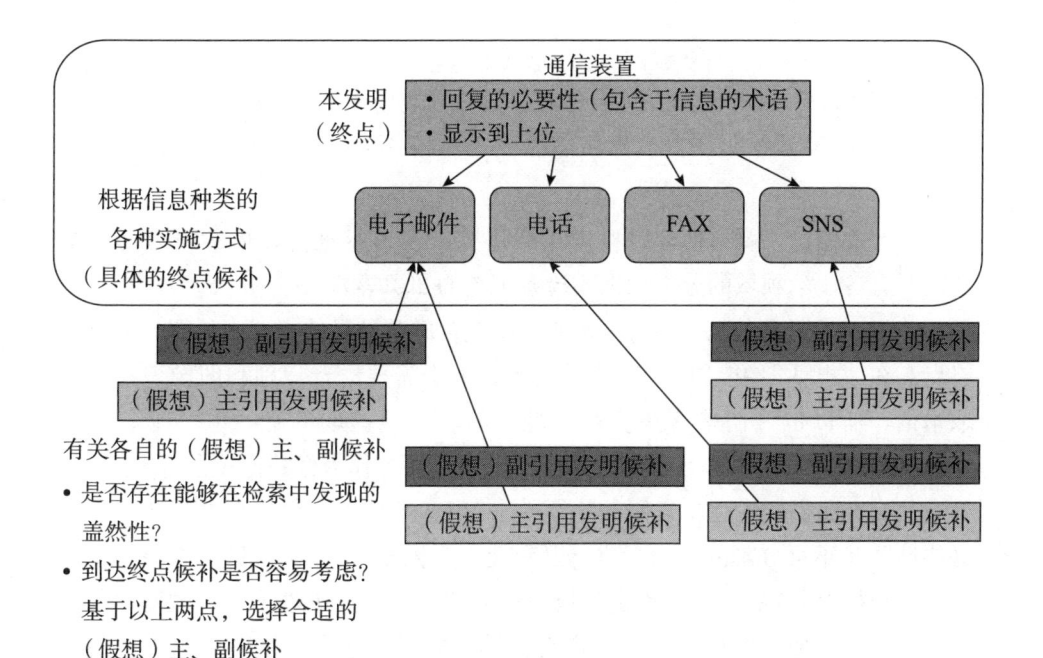

```
                        通信装置
本发明      · 回复的必要性（包含于信息的术语）
（终点）    · 显示到上位

根据信息种类的
各种实施方式      电子邮件   电话   FAX   SNS
（具体的终点候补）
```

（假想）副引用发明候补　　　　　　　（假想）副引用发明候补
（假想）主引用发明候补　　　　　　　（假想）主引用发明候补

有关各自的（假想）主、副候补

- 是否存在能够在检索中发现的盖然性？
- 到达终点候补是否容易考虑？
基于以上两点，选择合适的（假想）主、副候补

（假想）副引用发明候补　　（假想）副引用发明候补
（假想）主引用发明候补　　（假想）主引用发明候补

2. 检索策略的部署例

① 终点候补的选择

"电话"或"FAX"要提取术语需要有语音识别或图像识别的特征，与直接就能用文本数据的"电子邮件"或"SNS 信息"的情况相比门槛会高一些。首先将**"电子邮件"**作为终点候补检索一下。

② 假想的引用发明的设定

"包含于邮件中的术语"和"回复必要性"是不可分割的，所以主引用发明中"基于邮件中包含的术语判断回复必要性"是必需的。有关表达方式，如果有"将回复必要性高的邮件显示到上位"的副引用发明当然最好，就算找不到"将重要的邮件显示到上位"，很明显在主引用发明中回复必要性高的邮件是"重要的邮件"，所以似乎问题不大。

> 是使用假想的主引用发明的表述即"电子邮件"
> 而不是使用本发明的表述即"信息"来进行思考！

（注）用什么样的副引用发明来证明以哪个文献为主引用发明、往哪个终点、途径的容易想到性，在具体地想象这些逻辑（假设）的同时进行检索固然很重要，但根据检索的具体情况灵活地切换到别的逻辑（不固执地坚持一个假设）也很重要。

在本书中，仅就如何部署检索策略进行解说，**不进行具体的检索**（因为还需要有各技术领域的分类知识或检索工具的知识等）。

首先，我们来考虑一下将本发明中所包含的各种具体方式中的哪一个作为终点。在"电话"和"FAX"的情况下，由于需要语音识别和图像识别来提取术语，所以也许门槛多少会高一些。能轻松地提取的有"电子邮件"或"SNS 信息"。因此，首先，我认为将**"电子邮件"**作为候补比较合适。

其次，我们知道在本发明的特征中，"电子邮件中包含的术语"和"回复必要性"是不可分割的（之后进行逻辑化会有困难）。例如，即使存在①基于"电子邮件中包含的术语"确定垃圾邮件的技术和②基于电子邮件的发件人确定"答复的必要性"的技术，要将它们结合起来，导出"从电子邮件中包含的术语判断回复必要性"的技术好像不那么容易。因此，**"从电子邮件中包含的术语判断回复必要性"的部分还是应该由主引用发明来全部涵盖。**

反之，关于回复必要性高的电子邮件的显示方式（在本发明中显示到上位），即使与本发明不同，之后来处理似乎问题也不大。也就是说，要是存在将回复必要性高的电子邮件（或只是重要的电子邮件）显示到上位的副引用发明，则只需将其与主引用发明结合，大概就容易想到本发明了。

综上所述，要检索的假想的引用发明如下：

主引用发明：从电子邮件中包含的术语判断回复必要性
　　　　　　（显示方式与本发明不同也可以）
副引用发明：回复必要性高的电子邮件显示到上位
　　　　　　作为第二方案，仅将重要电子邮件显示到上位

§4-4　部署预设了假想引用发明的检索策略的优点

① 不容易陷入氛围检索

与基于本发明的抽象的权利要求的字面（信息等）进行焦点模糊的检索相比，由于这是预设了具体内容（电子邮件等）的检索，所以自己**在检索什么是很明确的**。

② 可以降低做无用功的风险，不容易陷入后见之明

由于事先考虑到结合的理由（逻辑化），所以**不容易陷入好不容易找来引用发明却无法进行结合的境地**。易于防止因强行结合引用发明而陷入后见之明之中。

③ 容易把握结束检索的时机

因为已经认识到在作为终点候补的本发明的特征中，至少认识到哪一部分要用主引用发明去涵盖（反之，哪一部分是可以用副引用发明进行之后的涵盖），所以可以**防止在无法找到主引用发明的情况下还无止境地进行检索**。

■ 知识产权制度说明会的推荐

> https：//www.jpo.go.jp/news/shinchaku/event/seminer/chizai_setumeikai.html
>
> 这是日本特许厅在日本全国各地举办的免费说明会。其中，也有"**特许分类的概要以及应用该分类进行现有技术的文献调查**"（2018年的名称）等，还有特许分类或 J-PlatPat 等。
>
> 过去的研修课件可以从网站上下载。

附　录

肯定用得着的小贴士（附回答例）

附录1　将检索结果向他人进行说明时用的检查表 p. 159

作者在特许厅当审查员时，迄今听取了1000件以上的关于检索结果的说明，有检索人员的说明、辅助审查员的（见习审查员）说明以及作为同事的审查员的说明。基于这些经验，**从听取说明的审查员的角度出发**，总结出**希望对方说明些什么的检查表**。为使检查表的宗旨更容易被理解，还附了回答例。

对于申请人、代理人来说，在检查发明的内容是否已在申请文件（权利要求、说明书等）中进行了准确无误的描述、基于申请文件将发明的内容向第三者［审查员、审判官（复审审查员）、许可谈判的对手、法官等］进行说明时也用得着本表。

附录2　专利分类的查找方法 p. 162

在进行检索时，选择合适的专利分类很重要，但是经常会有"**不知道想找的技术的分类是什么？**"的情况，我总结了此时该怎么办的方法。

附录1　将检索结果向他人进行说明时用的检查表（附回答例）

1. 有关本发明的检查表

① **本发明的概要是什么？**

本发明是对在一定时间段的条件下自动将便携式电话转移到静音模式的自动静音模式设置了例外条件的发明。

② **现有技术的课题是什么？**

自动静音模式本来就已知晓，但是如果在没有必要设置成静音模式的时候（例如当你在家时）也自动地设置了静音模式，就会有些不方便。

③ **解决该课题的手段是什么？**

若事先将便携式电话的定位等条件作为例外条件事先设置好，则在该例外条件下就能阻止向自动静音模式的转移。

④ **该手段在权利要求的何处进行了描述？进行了怎样的描述？**

该手段在权利要求1中的描述为"在满足了第2条件的情况下阻止所述预定模式转移单元的执行的阻止单元"。

⑤ **权利要求中是否有难理解的表述之处（抽象的或功能性的描述等）？**

有，如第1条件、第2条件、预定模式这样的描述。

⑥ **该处与实施例的对应关系怎么样？**

预定模式与实施例的静音模式对应。第1条件是向静音模式转移的条件，例如列出了一定的时间段等实施例。第2条件是自动静音模式的例外条件，例如列出了用GPS获得的定位信息是自家附近的情况等实施例。

⑦ **（有手续补正书的情况）修改的依据是什么？**

2. 关于检索的检查表

① **从什么角度进行了检索？**

• 有自动静音模式的便携式电话中设置了例外条件的情况（分类A1中用B1一词进行了检索）

• 向某种模式自动转移时设置例外条件的情况（不指定分类而用B2一词

进行了检索）

② **为何从那样的角度进行检索？**

考虑到因为"自动静音模式的例外条件"是本发明的关键点，我认为自动静音模式和例外条件是不可分割的，所以查找了有这两方面内容记载的文献。由于没有找到理想的文献，所以还按照权利要求的字面查找了"向某种模式自动转移的例外条件"。

> 这是在第 3 章发展篇进行了说明的检索策略部分。最好事先做些准备，以便当被问到以什么策略进行了检索时能够答得上来。

③ **找到了什么样的对比文件？**

找到的文献虽然不是便携式电话而是座机，但关于在一定时间段自动地向录音电话转移的功能，找到了设置对来自特定电话号码的电话不进行向录音电话转移这样的例外条件的文献。

为了使权利要求中表述的难懂之处不被遗漏，可以在阅读说明书之前先读一下权利要求（p.104）。

3. 关于对比的检查表

① **相同特征是什么？**

具有"满足第 1 条件的情况下转移到预定模式的预定模式转移单元""满足第 2 条件的情况下阻止所述预定模式转移单元的执行的阻止单元"的"电话"。

② **为什么可以说它们是相同特征？（关于关键点的特征或抽象的、功能性的特征）**

在满足"一定的时间段"这样的"第 1 条件"时，向"录音电话模式"这样的"预定模式"转移。另外，在满足"来自特定电话号码"这样的"第 2 条件"时，阻止向录音电话这样的"预定模式"转移。

> 如在第 3 章发展篇说明的，考虑一下为什么**可以说是相同特征**，这对于防止犯类似于将仅字面相近却是不对应的特征也作为相同特征这样的错误来说至关重要。

③ 区别特征是什么?

权利要求 1 是"便携式电话",而对比文件是"座机"。

> 在考虑区别特征时,要使用引用发明的表述而不是本申请的表述来考虑将引用发明的哪部分进行怎样的改变才能想到本申请。

4. 关于引用发明的检查表

① 副对比文件是什么样的?

作为周知例,列出记载了具有录音电话模式的便携式电话的文献。

②(结合多个文献的情况下)

将主、副引用发明结合起来会成为什么样的发明呢?

关于在一定时间段(满足第 1 条件的情况下)向录音电话模式(预定模式)转移的功能,能成为具有对来自特定电话号码的电话(满足第 2 条件的情况下)阻止向录音电话模式(预定模式)转移的转移单元的执行的单元的"便携式电话",满足本申请所涉及的发明。

> 如第 3 章发展篇说明的,确认一下**结合起来是否能想到本发明**,关键是用**引用发明的表述**来考虑而不是用抽象的权利要求的表述来考虑。

③ 该区别特征容易想到吗?

其理由(结合是否有动机、阻碍因素等)是什么?

录音电话模式,即使是便携式电话也与座机同样会被广泛使用,所以认为转用到便携式电话是容易想到的。

> 引用发明的结合也要用引用发明的表述来考虑。既然主引用发明的"预定模式"是录音电话模式,副引用发明也必须是录音电话模式,这是可以理解的吧?"③该区别特征容易想到吗?"就是审查基准知识得到了发挥的情形。要好好复习一下第1章的§5-6~§5-11。

161

附录2 专利分类的查找方法

1. 官方工具

要调查日本特许厅采用的 FI 或者 F Term 的信息，使用工业所有权信息·研修馆（INPIT）提供的 J – PlatPat 中的 PMGS（发明·实用新型分类照会）这一工具可以得到分类信息（https：//www. j – platpat. inpit. go. jp/p1101）。

关于欧洲专利局或美国专利局采用的专利分类（CPC）的信息，可以从 **CPC 的官方网站**得到（https：//www. cooperativepatentclassification. org/index. html）。

有关国际广泛采用的 IPC 信息可从称为 IPC Pub 的 WIPO（世界知识产权组织）的网站获得（http：//www. wipo. int/classifications/ipc/ipcpub/）。

日本的 FI 和欧洲、美国的 CPC 均基于 IPC 制作而成，因此整体非常相似。但是，由于它们并不完全相同，因此还提供了用于调查 **FI、CPC、IPC 的对应关系的"分类对照工具"**（https：//www. jpo. go. jp/cgi/cgi – bin/search – portal/narabe_tool/narabe. cgi）。

但是，如果是官方工具，分类标题或分类概要的信息都是可以得到的，但有时也会有即使看了这些信息，还是搞不懂是否与自己想找的技术相关的情形。

2. 建立检索式的同时调查分类的方法（作者推荐）

有一种不指定分类而**用自己想找的技术所包含的关键词进行文本检索，通过看作为检索结果的文献集合，调查该技术通常是被赋予了什么分类**的方法。因为对分类不进行指定，所以会有检索到的文献数量过多，或者"干扰"（与要找的技术无关的文献）太多的情况。在这种情况下，**将文本检索对象仅限于摘要部分而不是公报的全文**即可。

另外，在特许厅的审查员终端（需要去特许厅，但不论谁都能用）提供**分类直方图**这样的能够在检索结果的文献集合中，显示被赋予的各种分类各有多少件的功能。使用该功能就可以省去调查每件文献被赋予的分类的时间。

能免费使用的数据库中，在 Google Patent 中是以 CPC 为基础的，有将检索结果中经常包含的分类的上位5种进行显示的功能（在检索功能的右侧有关于"Asignees""Inventors""CPCs"的各自的排序显示功能，选择"CPCs"）。

3. 不指望分类而进行文本检索

FI、CPC、IPC等的专利分类所包含的分类数量是很庞大的，尽管如此，也不一定对于所有的技术、检索观点都是合适的分类，所以有时候也会有不得不依靠文本检索的情况。

这种情况下，**要是我来撰写说明书的话，对于该技术我也许会发挥这样写或那样写的想象力来选择检索词**。另外，可以参考从文件用计算机自动地提取关键词的TF–IDF的思路。要是有**本申请中频繁出现的词（TF），但在其他申请中却不怎么用（IDF）**的词的话，可以用该词来缩小范围。

但是，最终不是以技巧而是靠劲头去检索的情况也是有的。

结语
~AI 会吃掉专利审查？~

近几年，AI 成为众人瞩目的焦点。它聚集了对 AI 的便利性的期待的同时，也产生了"AI 会抢走自己的工作"这样的恐怖心理。如托马斯·莫尔的"羊吃人"的世界那样，AI 会将人吃掉吗？AI 的猎物中包含专利审查吗？

将 AI 进行极度简化，则其也只不过是进行了对照过往的学习结果（模型），从输入数据的○○这一特征得到××这样的结果（输出）的概率会很高这样的推论而已。重点是对应于输入的特征量而将统计概率高的那个作为答案导出来。

若将这样的 AI 机制应用到专利审查中，则是基于将由本申请获得的特征量（术语的种类或频度、申请人或发明人的名称、被赋予的专利分类等）找出在统计上与本申请有关的概率高的现有技术，这应该可以做到。这样的现有技术必然是在术语的种类或频度等有着与本申请类似的氛围的现有技术。氛围检索是 AI 也可以做到的！

另外，若使用了 AI，则基于本申请的特征量和现有技术的特征量，可以给出本申请与现有技术类似到什么程度这样的结果。也就是说，若只是进行粗略的对比，则 AI 也能做到！

但是，如本书的发展篇中说明的、进行预设了假想的引用发明的检索，这对于 AI 来说就有困难了，因为这要求对审查基准有深刻的理解。还有，对相同特征的认定要进行细致的判断，这对 AI 来说也是有困难的。因为在术语的种类或者频度等的统计处理中，从语言、技术的角度，对本申请和现有技术进行细致的解释和对比，这是 AI 无法做到的。

结语 ～AI 会吃掉专利审查？～ ◆

从结果来说，作者认为正是在本书的发展篇中说明的内容，才是通往只有人才能做到的专利审查，而 AI 应对不了的专利审查之路。

2019 年 1 月

千本润介

事项索引

B

巴黎公约　86，92，96，99

巴黎优先权　92，98－100，102

本发明　42，43，46，50－52，57－60，62，64，65，67，70－72，76，77，83，99，103，106，121，129，130，132－134，137，138，141，144－147，149，151－154，156，157，159－161

本国优先权　98，99，102

本领域技术人员　24，26，27，28，41，42，46，48－56，59，62，68，76，126，147

驳回理由　5，7，12－15，20，34，38，41，101，126，170

驳回理由通知　12，13，33，55，112，114，170，173

补偿金请求权　9

部分优先　94，98，99

C

CPC　162

产品发明　28，75

产业上的利用可能性　10，11

产业上可利用的发明　10

创造性　1，2，12，20，23，39，41，42，46，48，53－58，60－62，64，67，69，73，76－79，88，89，92－94，98，99，103，113，116，117，119，123，126－128，130，133，134，139，145－147，149，150，170

D

单一性　20，30，37

抵触申请　1，81，83－85，92，93，98，99

订正请求　21

订正审判　7，21

对比　30，42，44，58，59，62，67，73，74，77，103，109，111，119，121，122，126，127，129，130，132－134，136，137，149，160，161，164

多项优先　95，96，98，99

F

F Term　162

FI　162

发明　1，2，4，5，8－11，16，17，20，23，24，26－33，35－37，40－42，44－46，48－52，54，57－60，65，67，69，71，73，75，77－79，81，83，84，86，94－97，99，109，111，127，151，158，

159,161,162,169,170
发明的详细说明 25,26,28,57,60,64
发明人 8,22,81,82,84,164,173
译文新事项 101
方法发明 28,75
分案 1,37-39,84,102
分类 152,156-159,162-164,169
氛围检索 132,149,152,157,164
附图 14,21,22,32,34,37,70,71,
　　81,84,88,100,101,104,105,117

G

公开代偿说 2
公开公报 9,90,91
功能、特性等 69,70
国际初步审查 88,102
国际公布 88
国际检索 88,89,102
国际检索报告 88
国际检索单位的书面意见 88
国际阶段 88
国际申请 86-88,91,101
国家阶段 88,91,101
国民待遇 86

H

后见之明 146,147,149,157

I

IB 88,91
IPC 162,170
ISR 88-90

J

记载要件 1,22,25,29
技术常识 26,44,45,61,62,71
技术领域的相关性 48,49,59,62,68
检索策略 129,149,151-157,160,173
简单拼凑 54
进入国家阶段 87,88,102
拒绝查定不服审判 7,14,33,38,102,134
拒绝查定 116

K

可实施要件 13,28
课题的共性 48-50,62,68

L

逻辑化 46-48,130,133,147,150,156,
　　157

M

明确性要件 23,27

P

PCT 86-88,90,91,101,102

Q

前置报告书 14,119
前置审查 14,117
权利要求 18,21-23,25-31,33-38,
　　42,43,46,49,51,52,58,67,69-
　　76,82,84,104,105,107,111,114,
　　134,149,150,154,157-161,172

权利要求的分段 149

权利要求书 14, 18, 21–23, 32, 34, 37, 43, 81, 84, 88, 100, 101, 106, 117

全面覆盖原则 18

R

容易的容易 126–128

S

丧失新颖性 40

丧失新颖性的例外 79, 102

设计变更等 53

申请公布 9, 81, 85, 88, 102

申请专利的权利 8

审查基准 1, 2, 4, 5, 34, 49, 77, 78, 103, 113, 129–133, 148, 149, 154, 164, 169, 170, 172, 173

审查手册 4, 5, 11, 57, 60, 64, 129, 169, 173

审决 14, 15, 82, 85, 98, 99, 119–123, 133, 134, 136, 137, 139

审决撤销诉讼 14

生产方法发明 28, 75

实审请求 6, 8, 102

实施 1–3, 16, 17, 28, 29, 92, 93, 154, 170, 173

实施例 56, 134, 154, 159

实质上相同 83, 84

是否有动机 47–49, 59, 62, 68, 113, 161

手续补正 1, 32

手续补正书 7, 12, 13, 114, 116, 159

授权登记 7, 16, 21, 91

授权通知 7, 12–14, 16, 33, 38, 102

数值限定 69, 76, 78

说明书 14, 21, 22, 24–26, 28, 32, 34–37, 70, 71, 81, 84, 88, 100, 101, 104, 107, 117, 134, 154, 158, 163

损害赔偿请求 17

T

特别的技术特征 30, 31

特许公报 16, 20, 90, 91

停止侵权请求 17

同族专利 86

W

WO/ISA 88

外文书面申请 100–102

无效理由 20, 21

无效审判 7, 20, 21, 41

误译订正书 101

X

新事项追加 32, 35, 101

新颖性 1, 2, 20, 23, 39, 40, 42, 70–75, 77–79, 83, 88, 89, 92–94, 98, 99, 112

新颖性宽限期 79

修改 8, 13, 14, 20, 21, 32–38, 86, 88, 101, 103, 114, 117, 126, 127, 154, 159, 172

选择发明 69, 77, 78

Y

异议理由 20

异议申诉　7，20

意见陈述书　7，12，13，88，115，126

引用发明　42，44－53，56，58－63，65，67，68，76，77，79，83，103，109，111，119－121，126，127，129，130，132－134，136－139，141，143，144，146，147，149－157，161，164

引用发明的内容中的启示　48，51

用方法表征的产品权利要求　75

用途发明　71，72

用途限定　69，71，72

优先权　1，9，79，86，87，92－99，102

优先权日　87，88，91，92，98－100，102

有利的效果　62，63

原文新事项　100，101

支持要件　23，25，26，29

知识创造的循环　3

指定国（DO）　86

专利发明的技术范围　17，18

专利合作条约　86

专利请求书　30，100

专利权　1－3，6，7，9，11，16－18，20，21，23，24，26，27，41，79，81，91，102

专利权独立原则　86

专利申请　1，2，6，8－10，21，22，33，34，37，79，81，92，96，100，101，170，173

子组合发明　1，73

阻碍因素　49，55，56，62，126，127，161

作用、功能的共性　48，51，68

Z

在先申请　1，81－85，92，93，98，99

参考文献·资料
- 特许厅公布的各种指引等 -

特许厅《发明·实用新型审查基准》
https：//www.jpo.go.jp/system/laws/rule/guideline/patent/tukujitu_kijun/index.html

特许厅《发明·实用新型审查手册》
https：//www.jpo.go.jp/system/laws/rule/guideline/patent/handbook_shinsa/index.html

特许厅《审判便览》(第19版)
https：//www.jpo.go.jp/system/trial_appeal/document/sinpan-binran/all.pdf

特许厅《形式审查便览》
https：//www.jpo.go.jp/system/laws/rule/guideline/hoshiki-shinsa-binran/index.html

特许厅《面晤指引》
https：//www.jpo.go.jp/system/laws/rule/guideline/patent/mensetu_guide_index.html

特许厅《专利的审查基准以及审查的运用》
https：//www.jpo.go.jp/news/shinchaku/event/seminer/text/h30_jitsumusya_text.html

特许厅《专利分类的概要以及使用了它们的现有技术文献调查》
https：//www.jpo.go.jp/torikumi/ibento/text/h30_jitsumusya_text.htm

《现有技术调查实务》（第四版）

https：//www. inpit. go. jp/content/100646413. pdf

特许厅《2015 年度特许厅实施厅目标参考资料》

https：//www. meti. go. jp/committee/summary/0001420/pdf/023_07_00. pdf

第 2 次审查基准专门委员会《资料 4　关于日本国特许厅中的创造性的判断基准》（2009 年 4 月 7 日）

https：//www. jpo. go. jp/resources/shingikai/sangyo – kouzou/shousai/kijun _ wg/seisakubukai – 02 – shiryou. html

– 相关书籍 –

稻叶庆和著，铃木伸夫补订（2014）《专利申请 新·与驳回理由的对话（第 2 版）》（エイバックズーム）

高桥政治著（2016）《对应缺乏创造性的驳回理由通知的诀窍》（现代产业选书 – 知识产权系列，经济产业调查会）

野崎 笃志（2015）《专利信息调查与检索技巧入门》（发明推进协会）

二神元信（2015）《专利调查研究和演习 调查的实际操作能够进行系统学习的第一本教材》（静冈学术出版）

<参考>

可以免费访问的 DB 等

J – PlatPat（https：//www. j – platpat. inpit. go. jp/）

PATENTSCOPE（https：//patentscope. wipo. int）

Espacenet（https：//worldwide. espacenet. com/？ locale = jp_EP）

Google Patents（https：//patents. google. com/）

IPC Pub（https：//www. wipo. int/classifications/ipc/ipcpub/）

作者介绍

伊藤健太郎
TMI 综合法律事务所 合伙人辩理士

简历

1995 年 3 月	东京大学工学部计数工学科 毕业
1997 年 3 月	东京大学大学院工学系研究科计数工学专攻 毕业
1997 年 4 月	入职特许厅
2003 年 3 月	京都大学大学院经济学研究科经济动态分析专攻 毕业
2005 年 4 月	入职 TMI 综合法律事务所
2009 年 5 月	圣克拉拉大学法学院 毕业（LL. M.）
2009 年 7 月	Morgan，Lewis & Bockius LLP 的帕罗奥图事务所 工作
2010 年 7 月	TMI 综合法律事务所 复职
2016 年 1 月	TMI 综合法律事务所 合伙人
2017 年 4 月	一桥大学大学院国际企业战略研究科 兼职讲师
2018 年 4 月	一桥大学大学院法学研究科 兼职讲师

主要著作・论文

中山信弘．小泉直树编（2017 年 9 月）《新・注解专利法（上卷）》合著 青林书院

TMI 法律事务所编（2016 年 8 月）《知识产权判例总览 2014 I》合著 青林书院

TMI 法律事务所编，德勤（Deloitte）华永金融咨询合同公司编（2016 年 5 月）《成功引导 M&A 知识产权评估的实务〈第 3 版〉》合著 中央经济社

千本润介

一桥大学大学院 副教授

简历

2002 年 3 月　东京大学理学部情报工学科 毕业

2004 年 3 月　东京大学大学院情报理工学系研究科计算机科学专攻 毕业

2004 年 4 月　入职特许厅（专利审查第四部）

2008 年 4 月　升任审查员

2009 年 3 月　桐荫横滨大学法科大学院 毕业

2009 年 4 月　审查基准室国际基准 系长

2010 年 4 月　调任审查第四部

2010 年 4 月—2012 年 3 月　东京大学大学院情报理工学系研究科 兼职讲师

2012 年 10 月　总务课长助理（法规班）

2012 年 12 月　制度修改审议室（兼任法规班）

2013 年 10 月　调回审查第四部

2017 年 4 月　一桥大学大学院国际企业战略研究科 副教授

2018 年 4 月　一桥大学大学院法学研究科 副教授，庆应义塾大学大学院 讲师

2019 年 4 月　复职特许厅（审查第四部）

2019 年 10 月　审查基准室 基准策划组长

～现在

论文

（2015 年）"1994 年修改法中有关错过手续期限的救济规定的完善"《特技恳》276 号

（2015 年）"关于授权后的权利要求扩张" IIP 知财塾《第 8 期成果报告书》（合著）

（2015 年）"关于授权后的权利要求扩张的建议 ～对 LEXAN 事件二审判决的回应～"《月刊パテント12 月号》（合著）

（2016 年）"以提高检索质量为目标"《特技恳》282 号

翻译后记

本书的原著作者千本润介先生以及伊藤健太郎先生不仅对包括知识产权法的相关法律有很深的造诣，还曾经是活跃在审查第一线的审查员，有着丰富的专利审查的实践经验，并多年负责指导新任审查员。千本先生还有着多年培训日本专业从事检索人员（其中包括负责外包日本特许厅的审查业务中的检索工作的专业人员）的经验，并从事了多年与审查基准和审查手册等的审议、修订相关的工作。本书凝聚了所述原著作者多年的专利审查的实践经验，还包含了在一般教科书中无法找到的实用性很强的来自实践经验的诀窍。

正如其名，本书是一部介绍专利审查实务的以"实务"为重点的教科书。本书以"实务"为立足点，从日本专利法等相关的法律法规，以及具有庞大信息量的审查基准和审查手册中抽取与我们的业务关系特别密切的关键内容，并综合了千本先生的长期从事专利审查相关工作的实践经验编撰而成，有助于大家从审查员的角度去理解专利审查。

要做好日本专利的检索工作，首先需要最低限度地了解和理解日本专利法等相关法律法规、审查基准以及审查手册等的内容，然后才能在此基础上制定出有效的（高效的）检索策略并实施检索。而本书可以说就是针对这种情况量身定做的，能使检索工作事半功倍。

还有，最近几年，随着从中国到日本申请专利的案子不断增加，专利申请量也越来越多，对于如何正确地理解审查员发出的审查意见通知（驳回理由通知书）、驳回通知等中所指出的内容，从而有的放矢地制定对应方针也越来越重要，通过阅读本书，我们可以从本书中找到或得到很多非常实用的信息和启示，以达到事半功倍的效果。

本书原本是用于培训专业从事检索的工作人员的专业教科书，然而不仅是专业从事检索的工作人员，对于从事与日本专利申请相关业务的代理人、知识产权工程师，以及作为发明人方、申请人方的研究机关、大学、企业中负责知识产权相关业务的人员（不仅是知识产权部门，还包括研发部门、战略企划部门等）来说都是一本很好的教科书和参考价值很高的参考书。另外，本书还适用于对日本专利审查实务感兴趣（特别是想从审查员视角来看如何进行专利审查）的相关工作人员、在大学和研究机关学习知识产权的研究生等。

另外，在本书各章中，还有一些起画龙点睛作用的插图漫画等，以幽默的方式进行了重要内容的复习，由此活跃了整个气氛，同时给比较刻板的内容增添了小小的乐趣，也请一并享受。

本译著的出版，得益于知识产权出版社的鼎力支持，在此表示衷心的感谢。有关本译著的出版，辩理士法人三枝国际特许事务所的广州代表李菲菲律师从本译著的筹划阶段就参与了相关准备工作，并给予了多方的协助；辩理士法人三枝国际特许事务所的林雅仁所长、岩井智子副所长、菱田高弘副所长、兼本伸昭辩理士等也在各方面给予了鼎力支持，在此一并表示诚挚的谢意。

希望大家能喜欢它，并愿它能够成为大家的"武器"。

译者：冼理惠

2022年3月吉日